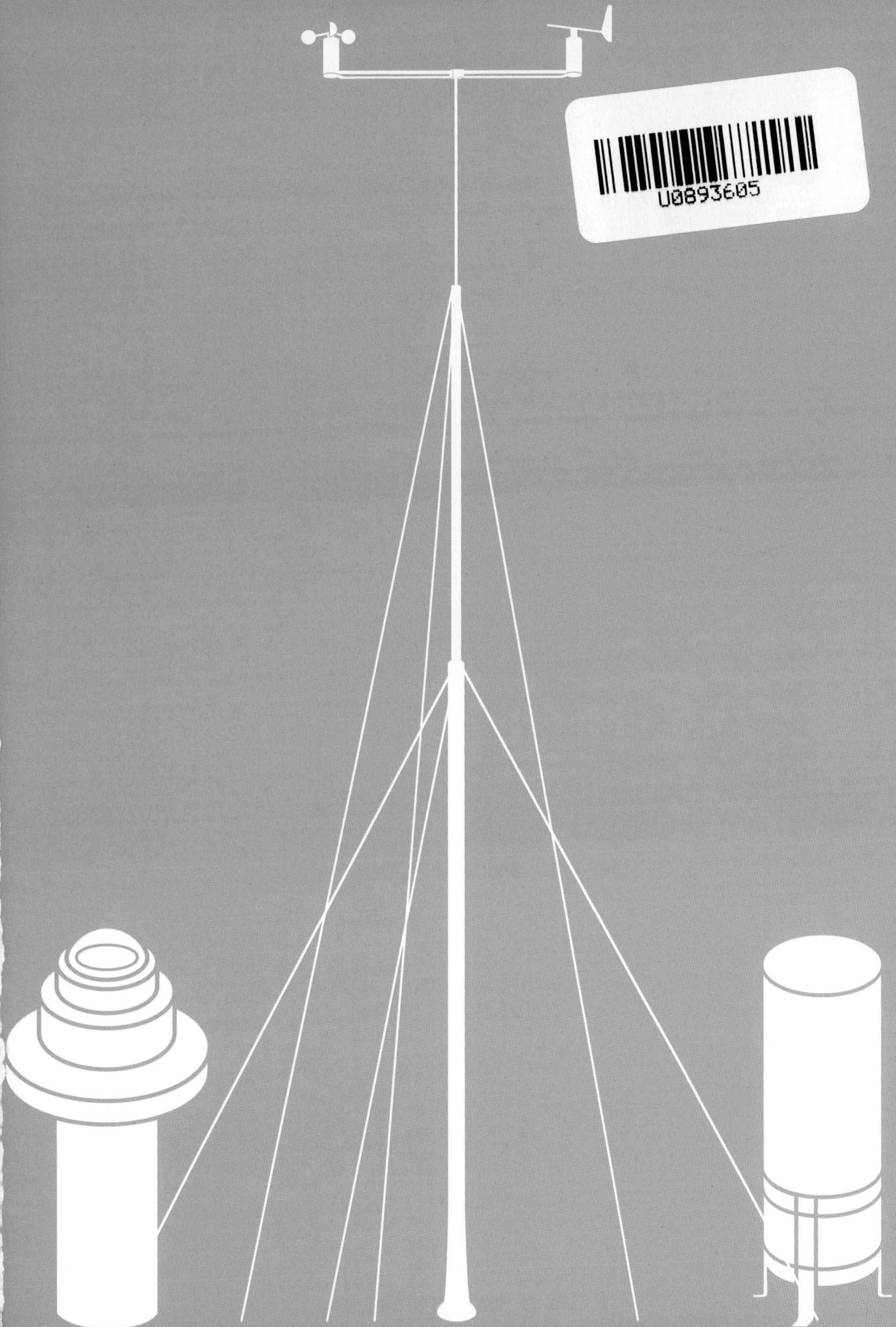

四季气象

王建忠 编著
杨芳 王皓 图

海燕出版社
·郑州·

图书在版编目（CIP）数据

四季气象 / 王建忠编著；杨芳，王皓图. — 郑州：海燕出版社，2021.3（2022.5重印）
ISBN 978-7-5350-8491-0

Ⅰ.①四… Ⅱ.①王… ②杨… ③王… Ⅲ.①气象学–普及读物 Ⅳ.①P4-49

中国版本图书馆CIP数据核字（2020）第262263号

四季气象
SIJI QIXIANG

出 版 人：董中山　　责任校对：李培勇
策划编辑：王茂森　　责任印制：邢宏洲
责任编辑：王茂森　　责任发行：贾伍民

出版发行：海燕出版社
地址：郑州市郑东新区祥盛街 27 号　邮编：450016
网址：www.haiyan.com
发行部：0371-65734522　总编室：0371-63932972
经　　销：全国新华书店
印　　刷：郑州市毛庄印刷有限公司
开　　本：710毫米×1000毫米　1/16
印　　张：9
字　　数：180 千字
版　　次：2021 年 3 月第 1 版
印　　次：2022 年 5 月第 3 次印刷
定　　价：28.00 元

目录

认识四季

春暖花开，夏热酷暑，秋凉似水，冬寒如冰，构成了一年的四季冷暖更替特征。

四季指一年中交替出现的四个季节，即春季、夏季、秋季和冬季，每季三个月。一年四季是因为地球围绕太阳公转而形成的。黄赤交角的存在，造成太阳直射点在地球南北纬23°26′之间往返移动的周年变化，从而引起正午太阳高度的季节变化和昼夜长短的季节变化，造成了各地获得太阳能量多少的季节变化，于是形成了四季的更替。

天文四季与统计四季

东西方各国在划分四季时所采用的界限点是不完全相同的。

西方国家一般以春分（3月21日前后）、夏至（6月22日前后）、秋分（9月23日前后）、冬至（12月21日前后）分别作为四季的开始，并一直沿用至今。

我国多用立春（2月4日前后）、立夏（5月5日前后）、立秋（8月8日前后）与立冬（11月8日前后）作为四季的开始。

东西方这种对于四季的划分，都属于天文上的划分方法。

天文四季

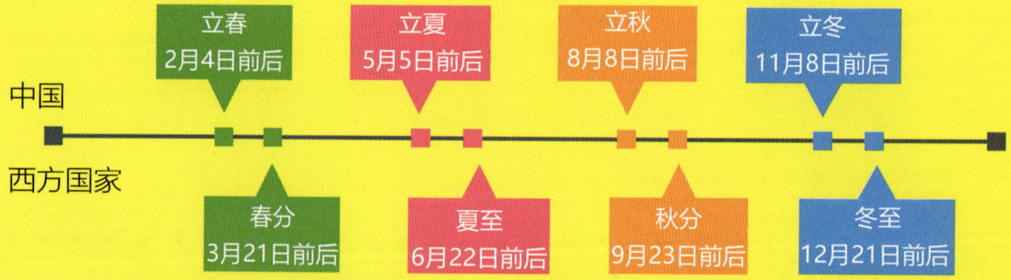

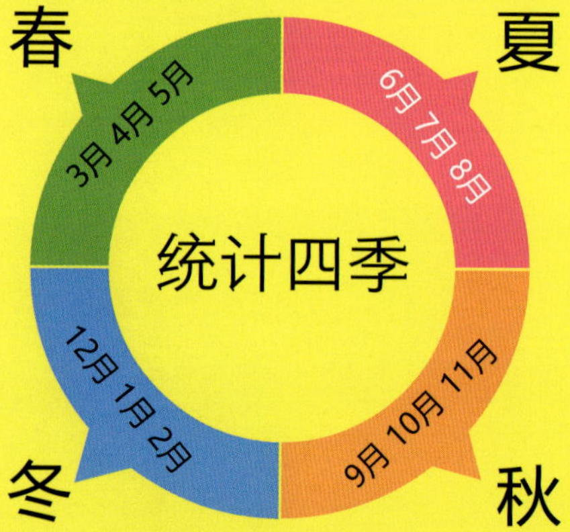

北半球每年1月份通常为最冷月，7月份为最热月，故在气候统计上，一般以阳历3月、4月、5月为春季，6月、7月、8月为夏季，9月、10月、11月为秋季，12月、1月、2月为冬季。这种四季的划分方法，较适宜于四季分明的温带地区。

气候四季

气候四季是结合物候现象与农业生产提出的一种分季方法。

物候现象是指大自然中那些受环境（气候、水文、土壤等）影响出现的、以年为周期的自然现象。物候现象非常广泛。

候（每5天为一候）平均气温稳定降低到10℃以下时，作为冬季的开始。

候平均气温从10℃以下稳定上升到10℃以上时，作为春季的开始。

候平均气温稳定上升到22℃以上时，作为夏季的开始。

候平均气温从22℃以上稳定下降到22℃以下时，作为秋季的开始。

阴历与阳历

阳历的一年是按地球绕太阳公转一周为一年计算的。地球绕太阳公转一周的时间是365天5小时多一点。

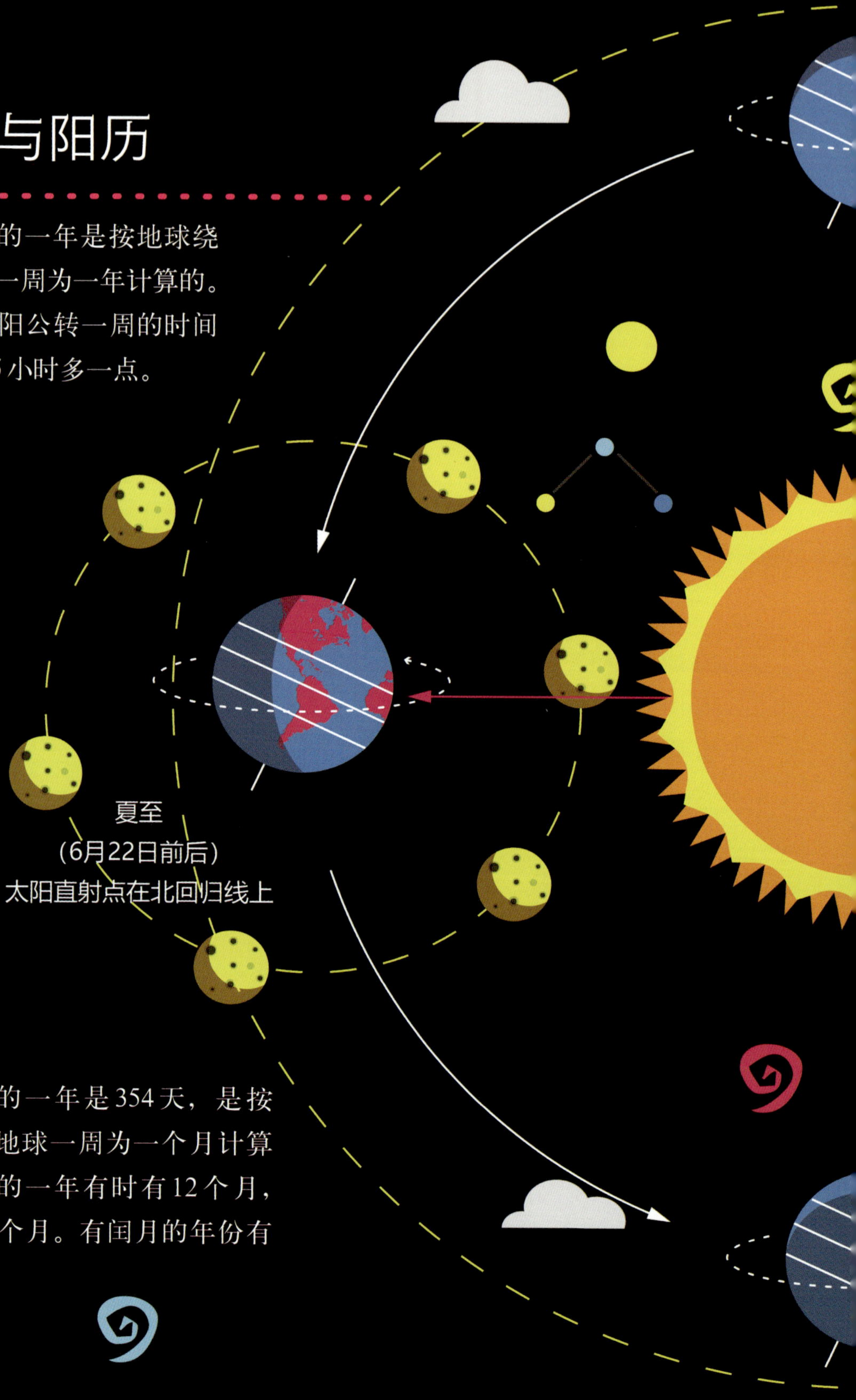

阴历的一年是354天，是按月球绕行地球一周为一个月计算的。阴历的一年有时有12个月，有时有13个月。有闰月的年份有13个月。

阳历比阴历每年多出11天多，为了避免阳历的月份与阴历越差越多，就用闰月来找补。19年中有7个闰月的年。一般是农历的春节前立春的，这一年不闰月。农历的春节后立春的，这一年就有个闰月了。

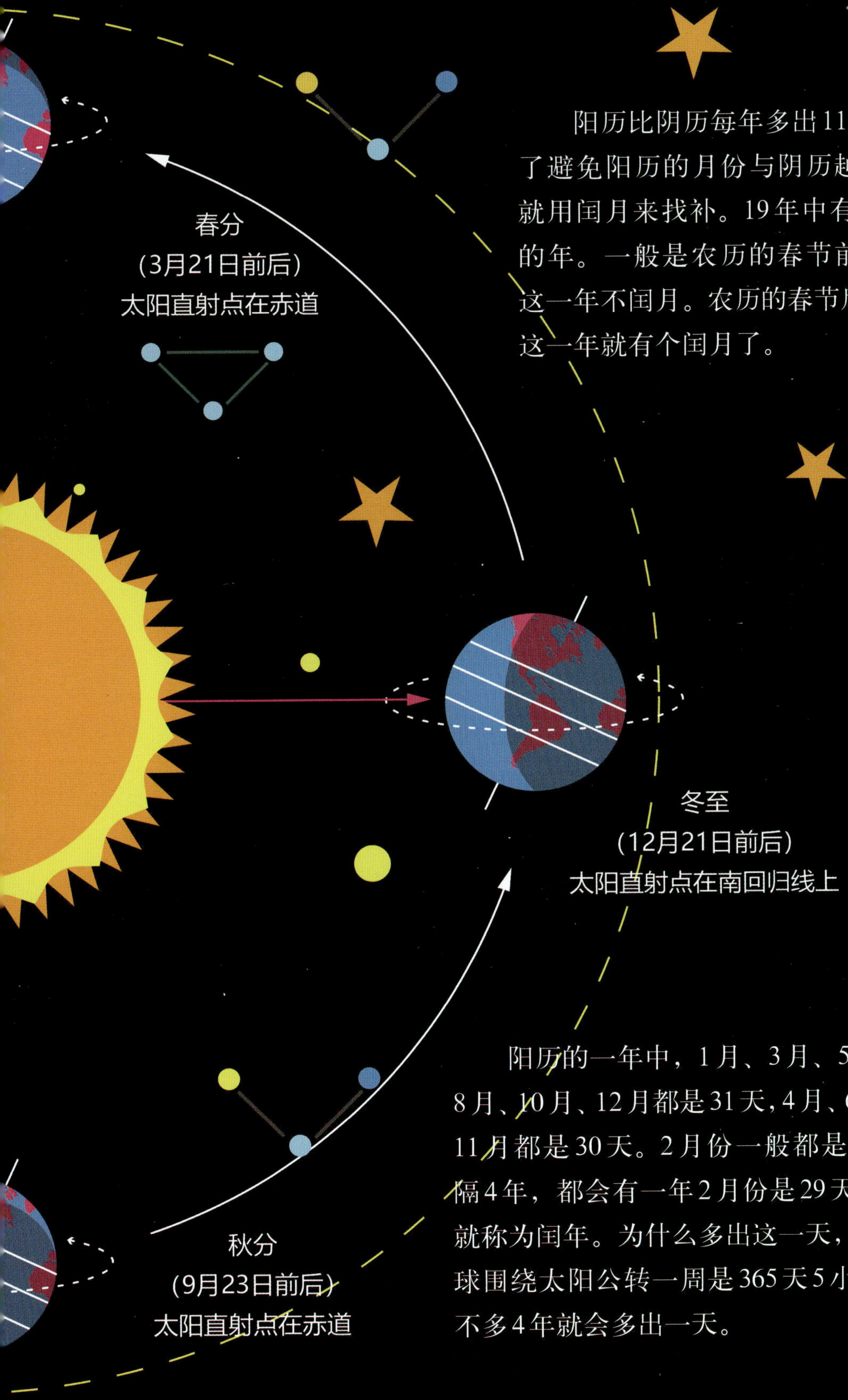

阳历的一年中，1月、3月、5月、7月、8月、10月、12月都是31天，4月、6月、9月、11月都是30天。2月份一般都是28天。每隔4年，都会有一年2月份是29天，这一年就称为闰年。为什么多出这一天，是因为地球围绕太阳公转一周是365天5小时多，差不多4年就会多出一天。

二十四节气

二十四节气是我国劳动人民在长期的生产实践中逐渐总结出来的。早在2 400年前的春秋时期，就确立了四立，即立春、立夏、立秋、立冬。在《吕氏春秋》中已记载了完整的八个节气，即四立、二至（夏至、冬至）、二分（春分、秋分）。而在西汉《淮南子》一书中，则可见到完整的二十四节气的最早记载。

淮南子

八个节气

吕氏春秋

立春	立夏	立秋	立冬
春分	夏至	秋分	冬至

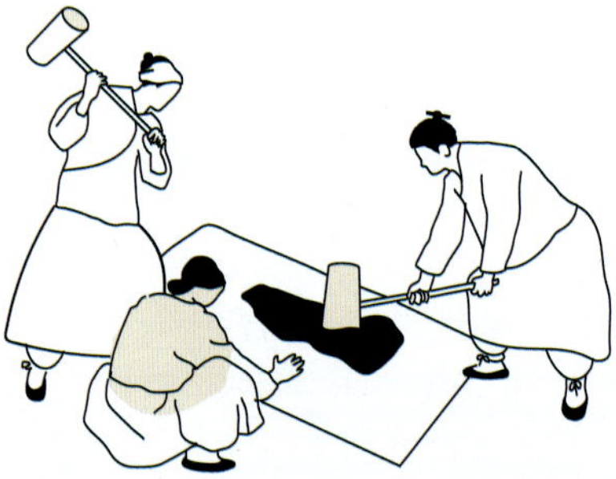

由于我国的农历是一种“阴阳合历”，是既根据太阳也根据月亮的运行来制定的，因此不能完全反映太阳运行的周期。但我国又是一个农业国家，农业需要严格地了解太阳的运行情况，农事完全根据太阳运行的情况进行，所以在历法中又加入了单独反映太阳运行周期的“二十四节气”，用作确定闰月的标准。

根据昼夜的长短、中午日影的高低等，在一年的时间中定出若干点，每一点叫一个节气。节气表明地球在轨道上的位置，也就是太阳在黄道（天文学术语，由于地球绕太阳公转，从地球上看，太阳一年正好移动一圈回到原位，太阳如此“走”过的路线就叫“黄道”）上的位置。二十四节气的公历日期每年大致相同：上半年在6日、21日前后，下半年在8日、23日前后。

二十四节气能反映季节的变化，指导农事活动，影响着千家万户的衣食住行。

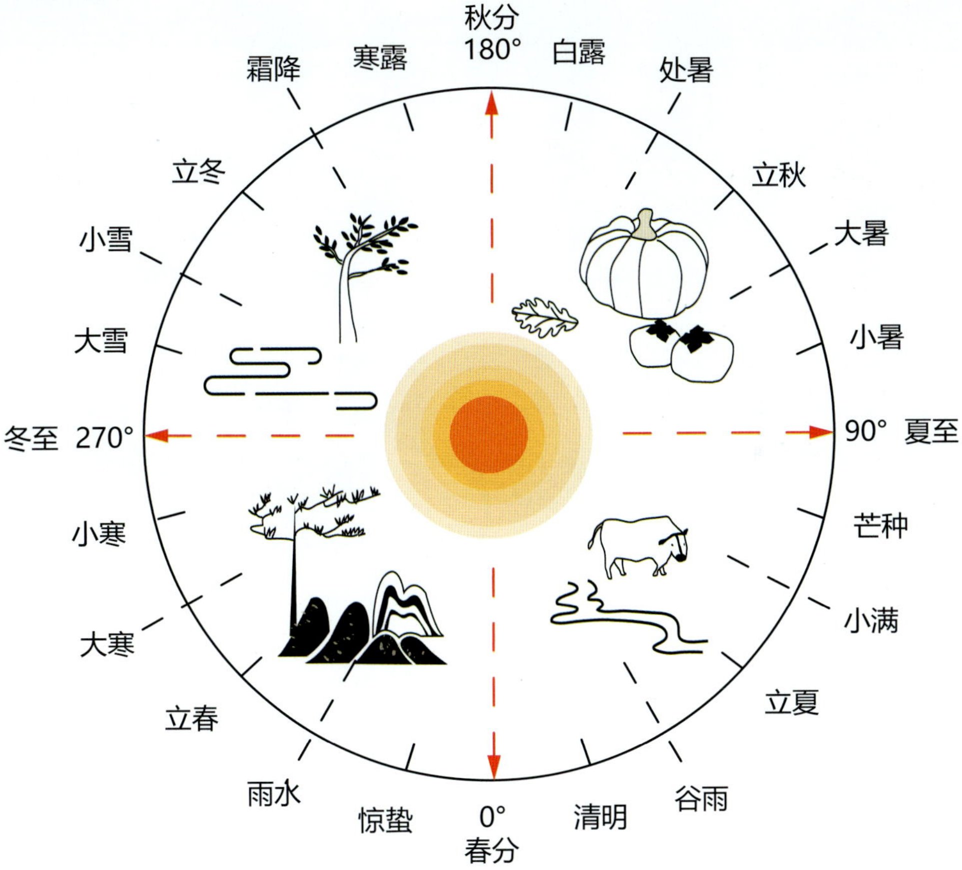

二十四节气图

春雨惊春清谷天，夏满芒夏暑相连。
秋处露秋寒霜降，冬雪雪冬小大寒。

春

春天天气变化无常，忽阴忽晴，忽雨忽风，好像小孩子一样，“喜怒”无常。这是因为春天来到时，北方冷空气的实力仍十分强盛，南方暖空气也很活跃，冷暖空气势力经常进行较量，所以就产生了多变的天气，这是春季气候的一般规律。

二十四节气对应的春季

春季是一年中的第一个季节。在日常生活中，人们通常把立春节气的到来作为春季的开始，立春是从天文学角度来划定的。在气候统计上，一般以阳历划分四季，3 ~ 5 月为我国为北半球的春季。

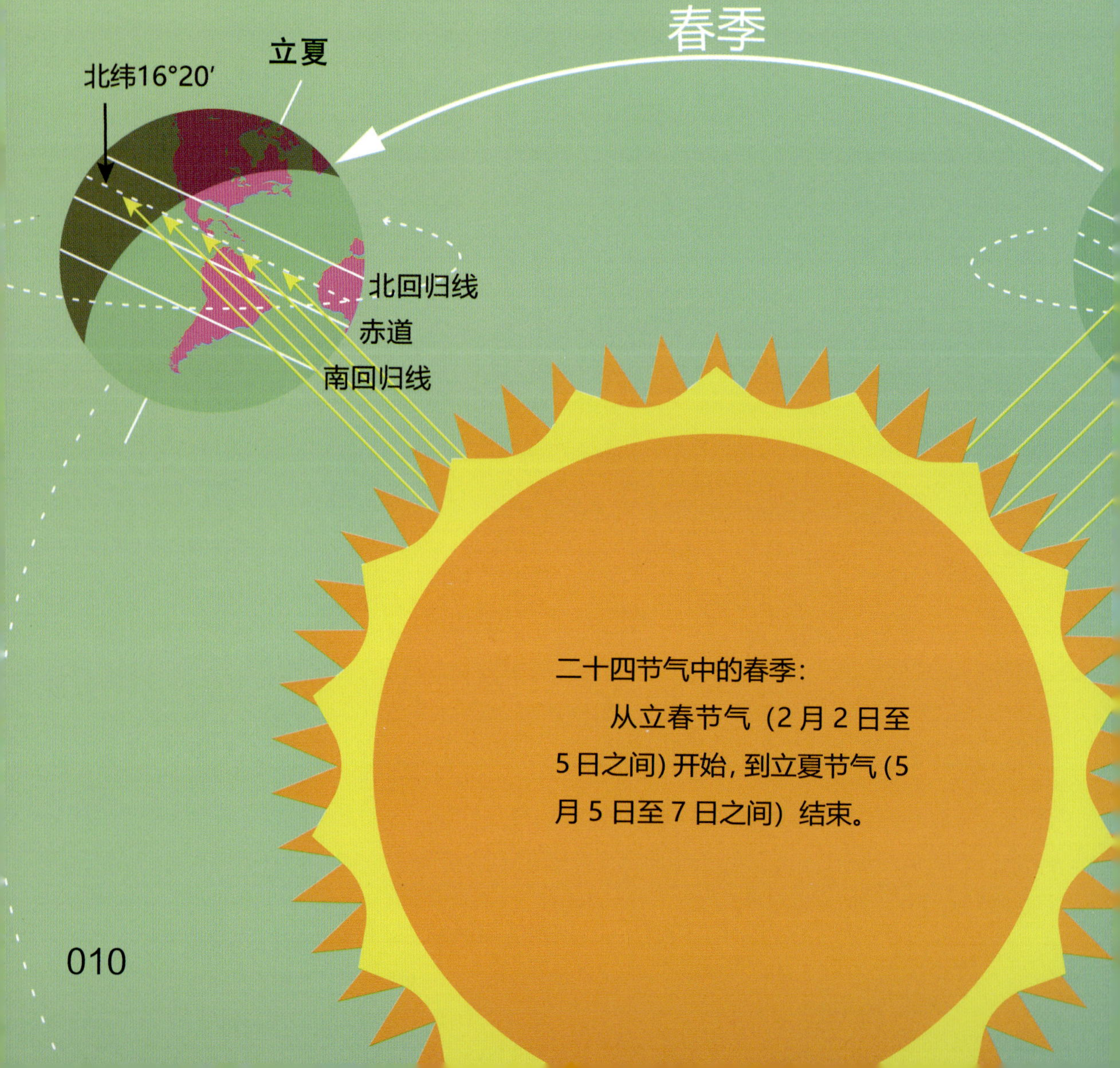

二十四节气中的春季：

从立春节气（2 月 2 日至 5 日之间）开始，到立夏节气（5 月 5 日至 7 日之间）结束。

气候学定义的春季

连续5天的日平均气温达到10℃以上算作进入春季。

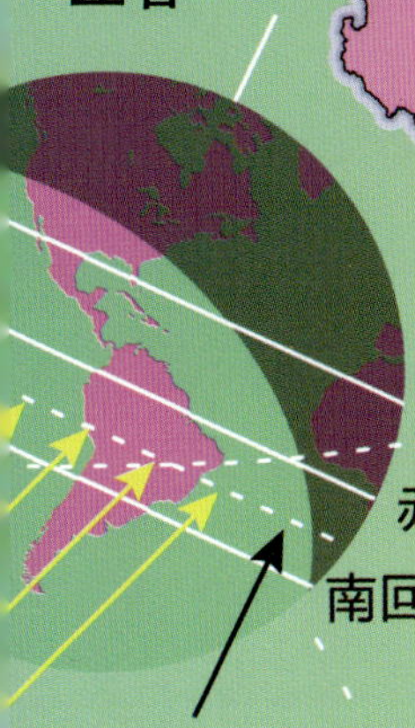

太阳直射点一年经过赤道几次呢?

立春

立春在每年的2月4日前后，是二十四节气中的第一个节气，“立”是“见”或“开始”的意思；“春”是“蠢动”，表示植物开始有生气。立春意味着春季的开始。立春以后，天气渐暖，河水解冻，万物更生，农民开始整理农具，心里盘算着一年的收成。

一候　东风解冻

东风在我国主要是指来自太平洋地区的夏季风，东风温暖而湿润，带来的暖湿气流使气温慢慢回升。随着气温回升，北方冬天冰冻的河流、土地开始慢慢解冻。

二候　蛰虫始振

“蛰虫”泛指寒冬时藏匿起来不活动也不进食的动物，“振”即“动”。立春时节北方地面的土壤虽然尚未完全解冻，但沉睡了一冬的“蛰虫”已感受到东风带来的暖意。

三候　鱼陟负冰

在东风持续的吹拂下，北方水面上的冰层开始融化，水底的鱼儿感受到春天的召唤，欢快地游到水面上来。此时水面上还有未完全融化的碎冰，看起来像鱼儿背着冰一样。

雨水

雨水在每年的2月18日或19日，雨水有两层含义：一是天气回暖降水量逐渐增多；二是在降水形式上，雪逐渐少了，雨开始增多。雨水过后，气温升高、冰雪融化、空气湿润、降水增多，有利于植物的复苏和生长。

一候　獭祭鱼

随着气温回升，冰层加速融化，鱼儿游出水面呼吸，正是水獭捕鱼的好时机。水獭把捕上来的鱼摆放在岸边，好像用鱼当作贡品在祭祀一样，故称“獭祭鱼”。

二候　候雁北

“雁”即大雁，属候鸟，繁殖地在我国北方的黑龙江流域和中、蒙、俄交界的达乌尔地区，每当冬季来临，大雁则迁徙至我国长江中下游地区的鄱阳湖、升金湖等地。雨水时节，鸿雁开始成群迁徙回北方繁殖地。

三候　草木萌动

雨水时节，降水量增加，气温回升，正好满足了植物生长期对水分和温度的需求。于是，大部分植物开始返青生长或者种子开始萌发，整个大地呈现一片欣欣向荣的景象。

惊蛰

惊蛰在每年的3月5日或6日，“蛰”是藏的意思。随着气温回升，出现初雷，蛰伏在泥土里冬眠的动物被雷声惊醒，开始出土活动。惊蛰时节，春光明媚，和风拂面，春雷乍响，麦苗返青。

一候　桃始华

惊蛰后天气持续回暖，桃树上花苞逐渐长成，故曰桃始华。惊蛰之后，桃花竞相绽放，是观赏桃花的好时节。

二候　仓庚鸣

“仓庚”即黄鹂鸟，《章龟经》曰：“仓，清也；庚，新也。感春阳清新之气而初成，故名。”惊蛰时节，春暖花开，黄鹂感受到春天的暖意开始欢快地鸣叫，故曰“仓庚鸣”。

三候　鹰化为鸠

惊蛰是很多动物开始繁殖的时节，此时鹰躲起来悄悄繁殖后代，原本蛰伏的斑鸠、布谷鸟等中等体形的鸟类开始鸣叫求偶。这个时候古人没有看到鹰，却看到周围斑鸠多了起来，以为鹰变成了鸠，故曰“鹰化为鸠”。这是古人的误解。春季是鸟类繁殖的关键时期，民间有“不打三春鸟”之说。

春分

春分在每年3月20日或21日，“分”者半也，这一天为春季的一半，故叫春分。春分有两层含义：一是指一天时间白天夜晚平分，各为12小时；二是古时以立春至立夏为春季，春分处于春季三个月之中，平分了整个春季。春分这一天太阳到达黄经0°，太阳直射赤道，南北半球昼夜相等，其后太阳光直射位置逐渐北移，北半球开始昼长夜短，日照12小时以上。

一候　玄鸟至

“玄鸟”别名燕子。春分时节，燕子开始集群从越冬地中南半岛至印度尼西亚一带，迁徙到我国繁殖。

二候　雷乃发声

冬季温度低，大气对流作用不强，因此少雷；春季随着温度升高，气流活动加剧，云层放电现象频繁，故雷电次数增加。

三候　始电

雷电发生过程中会产生强烈的光，即闪电。

清明

清明在每年的4月4日或5日。清明意味着天气风和日丽，草木郁郁青青，大地一片生机勃勃的景象。清明节于2006年被列入第一批国家级非物质文化遗产名录。

一候　桐始华

清明时节，伴随着雨水增多和气温回升，油桐花开始开放。

二候　田鼠化为鴽(rú)

田鼠大多喜欢生活在倒木、树根、岩石下的缝隙中。“鴽”即鹌鹑类的小鸟，属于候鸟，喜欢潜伏在草丛和灌木丛中。清明时，温度回升，鹌鹑类小鸟迁徙而至，古人对鹌鹑类小鸟的迁徙习性缺乏认识，加之受佛教“轮回”思想的影响，所以误以为地面活动的、与田鼠有些神似的鹌鹑类小鸟是由洞中的田鼠变成的。

三候　虹始见

清明后，雨水增多，每当雨过天晴，空气中弥漫着许多小水滴，阳光经过水滴的折射和反射，天空中便会出现美丽的彩虹。小雪节气过后便再也不能看到彩虹了。

谷雨

谷雨是春季的最后一个节气，在每年的4月20日前后。此时降雨对五谷生长非常有利，有雨生五谷的含义。谷雨过后，气温迅速回升，雨水明显增多，适宜越冬作物的返青拔节和春播作物的出苗。

一候　萍始生

浮萍适宜生长于温热湿润的气候，谷雨时节，水温升高，池塘里一晚上能冒出许许多多的浮萍。

二候　鸣鸠拂其羽

谷雨时节正值斑鸠的求偶期，雄性斑鸠在飞行时将身体极度倾斜并舒展自己的翅膀和尾部羽毛，同时发出鸣叫声。

三候　戴胜降于桑

戴胜是一种在陆地上觅食的鸟类，平时很少在树上活动。谷雨时节，戴胜在桑树上筑巢繁殖和育雏，才会频繁来往于地面和桑树上。

大气奥秘

大气是指包围在地球表面并随地球旋转的混合气体圈层。在地球引力的作用下，大量气体聚集在地球周围，形成厚厚的大气层。空气随着离地面高度的增加而变得越来越稀薄。

大气的各种现象及其变化过程不仅会带来雨泽和温暖，造福人类；也可造成酷暑严寒、旱涝风雹等灾害，直接影响人类的生产和安全。人类在生产和生活中，也不断地影响着自然环境（包括大气）。如何认识大气中的各种现象，如何及时而又准确地预报未来的天气、气候，并对不利的天气、气候条件进行人工调节和防御，是人类自古以来一直不断探索和解决的问题。

天气、气候、天文的区别

天气

天气是一定区域短时段内影响人们日常生活、生产的大气状态（如冷暖、风雨、干湿、阴晴等）及其变化的总称。表述天气的基本依据是气温、气压、湿度、风向、风速、云、降水等气象要素的观测结果。

气候

气候是地球上某一地区多年时段大气的一般状态，是该时段各种天气过程的综合表现。气象要素的各种统计量是表述气候的基本依据，通常用均值、总量、频率、极值、各种天气现象日数及其初终日期，以及某些气象要素的持续天数等来表示，既反映平均状态，也反映极端情况。

天文

天文是观察和研究宇宙间天体的学科。内容包括天体的构造、性质和运行规律等。

大气的成分

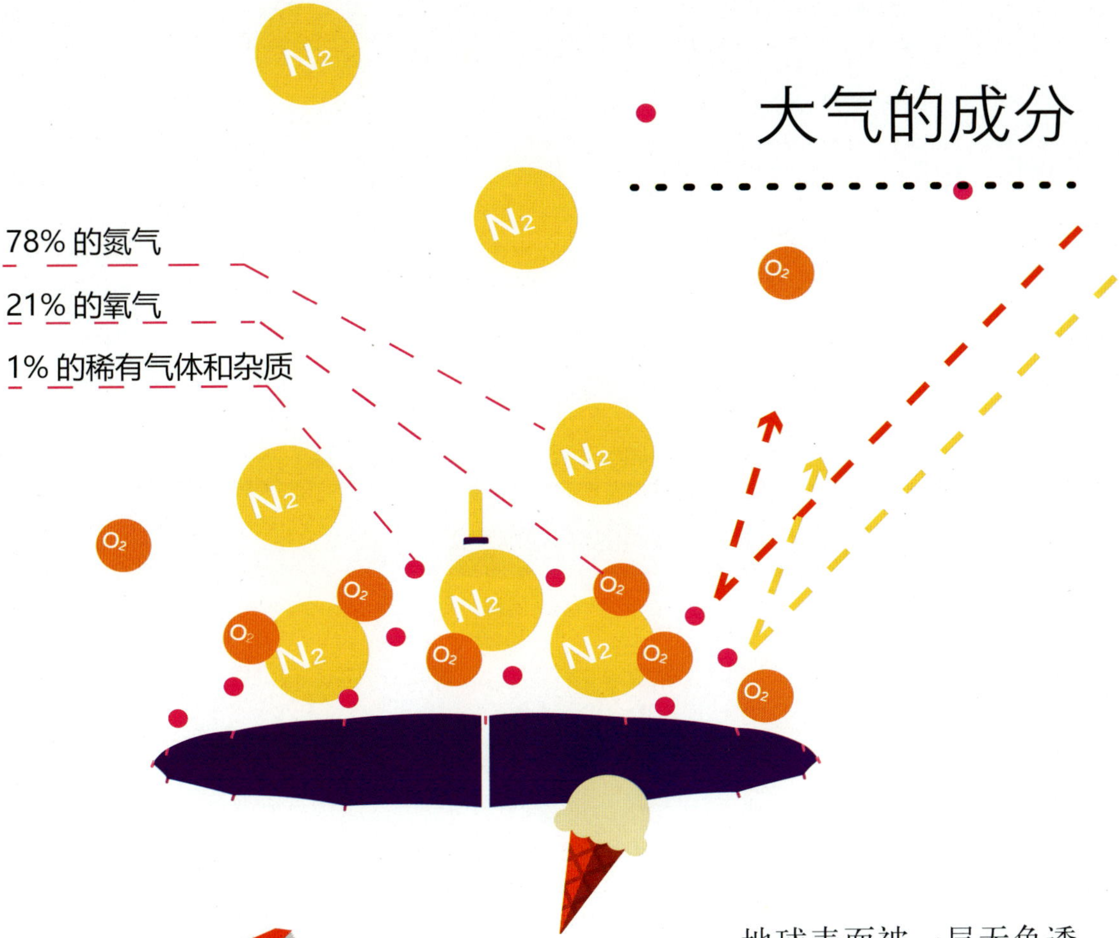

地球表面被一层无色透明的混合气体包裹着，这就是大气层。大气层是一个保护层，使人类免受有害射线的照射，同时提供人类生存所必需的氧气。氧气与阳光、水分一样是人类不可缺少的。

中间层（50 ~ 85千米）

进入大气层的流星体大部分在中间层燃尽。这层气温随高度的升高迅速下降，有空气的水平和垂直活动。

平流层（10 ~ 50千米）

平流层亦称同温层，是地球大气层里上热下冷的一层，大气主要以平流运动为主，晴朗无云，有利于高空飞行，飞机一般在这一层飞行。在20 ~ 30千米高处，存在臭氧层，吸收来自太阳的紫外线，像一道屏障保护着地球上的生物免受太阳高能粒子的袭击。

外层（500千米以上）

这是大气的最高层，也称散逸层。这一层中温度极高，但气温随高度增加很少变化；空气极为稀薄，受地心引力极小，气体和微粒可以脱离地球引力逃逸到宇宙空间去，因此又叫散逸层。外大气层可以看作是地球大气与星际空间的过渡地带。

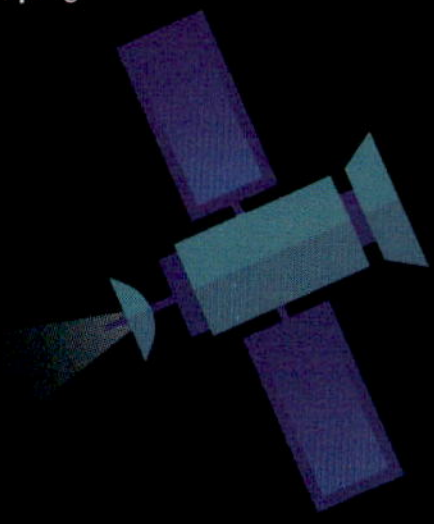

热层（85～500千米）

热层大气处于高度电离状态，能够反射无线电短波，对无线电通信有重要作用，同时，极光也发生在该层。热层大气非常稀薄，但温度却极高，且随高度增加而迅速升高。

对流层（0～10千米）

对流层位于大气的最低层，是大气中最稠密的一层，集中了约75%的大气质量和90%以上的水汽质量。我们常见的风、雨、雪、雹、霜、露、云、雾等变化多端的天气现象都发生在这一层。该层的高度因纬度而不同，在低纬度地区平均高度为17～18千米，在中纬度地区平均为10～12千米，在高纬度地区平均为8～9千米，并且夏季高于冬季。该层的温度随高度的升高逐渐降低，平均每升高1 000米，气温约下降6.5℃。

像鱼类生活在水中一样，我们人类生活在地球大气的底部，并且一刻也离不开大气。大气为地球生命的繁衍，人类的发展，提供了理想的环境。它的状态和变化，时时处处影响到人类的活动和生存。

●大气给生物和人类提供了一刻都不可缺少的氧气。

●大气能使地面上保持适宜的温度。

●大气像一副坚韧的盔甲，使地面避免受到那些天上射来的“炮弹”的轰击。

●大气还有一个本领，就是能吸收掉从天上来的紫外线和 X 射线。这些射线是从太阳和其他恒星、星系发来的，对生物和人体很有害。假如它们都能直接射到地面上来，地球上也就不可能有生命了。

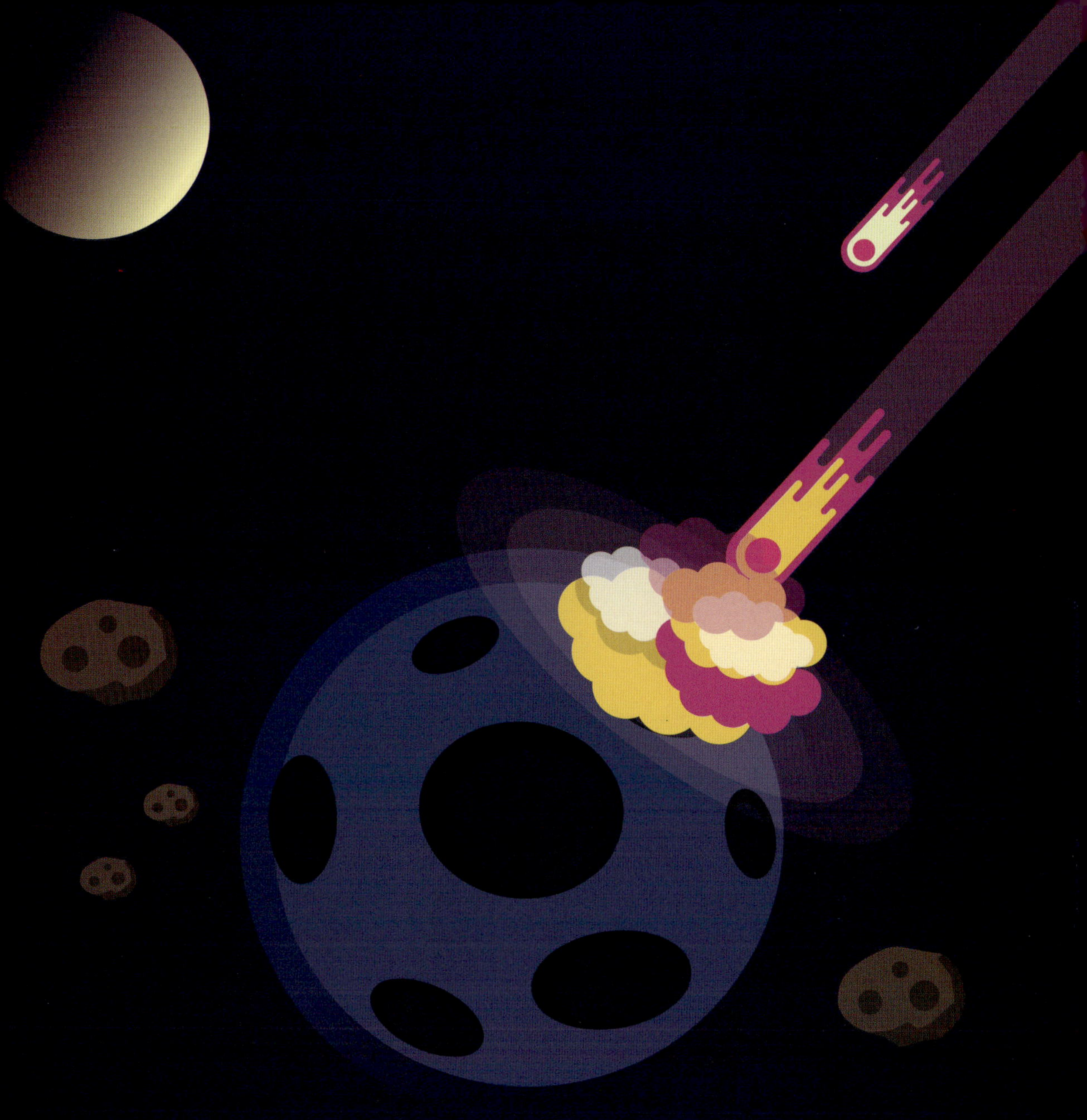

如果大气层消失，地球的水分将会在短时间内化为乌有，生命将会消失。

天气现象

天气现象是指发生在大气中的各种物理现象。人们常见的风、雨、雪、冰雹、雾、露、闪电等都是天气现象，可将它们分为降水现象、地面凝结和冻结现象、视程障碍现象、雷电现象和其他天气现象等，这些现象都是在一定的天气条件下产生的。

降水现象

根据降水物的形态可分为液态降水和固态降水。

毛毛雨：稠密、细小而十分均匀的液态降水，下降情况不易分辨，看上去似乎随空气微弱的运动飘浮在空中，迎面有潮湿感，落在水面无波纹。

雨：滴状的液态降水，雨滴下降时清楚可见，强度变化较缓慢。

阵雨：开始和停止都较突然、强度变化大的液态降水，有时伴有雷暴。

雪：空气中降落的白色结晶，多为六角形，是气温降低到零度以下时，空气中的水蒸气凝结而成。

雨夹雪：半融化的雪（湿雪），或雨滴和湿雪同时降落到地面的降水现象。

阵性雨夹雪：开始和停止比较突然、强度变化大的雨夹雪。

冰粒：天气现象中的固态降水现象。由直径小于5毫米的透明丸状或不规则的粒子组成，较硬，落到硬地面上反跳。

霰：白色不透明的圆锥形或球形的颗粒组成的固态降水现象，直径2～5毫米，下降时呈阵性，着硬地常反跳，松脆易碎。

冰雹：坚硬的球、锥状或不规则的固态降水，雹核一般不透明，外面包有透明的冰层，或由透明冰层与不透明冰层相间组成，大小差异大，常伴随雷暴出现。

阵雪：降雪时间比较短暂（一阵）、开始与终止时间比较突然、强度变化大的降雪。

米雪：天气现象中的固态降水现象。由直径小于1毫米的白色不透明的扁长形冰粒组成，落到硬地面上不反跳。

地面凝结和冻结现象

露：水汽在地面和近地面物体上凝结而成的水珠。

霜：水汽在地面和近地面物体上凝华而成的白色松脆的冰晶，或由露冻结而成的冰珠，易在晴朗风小的夜间生成。

雨凇：雨落在0℃以下的地表或地面物体上，或过冷的水滴和物体（电线、树枝、飞机翼面等）互相接触而形成的坚硬冰层，也称冰挂。

雾凇：空气中过于饱和的水汽直接凝华，或过冷雾滴直接冻结在物体上的乳白色冰晶物，常呈毛茸茸的针状或表面起伏不平的粒状，多附在细长的物体或物体的迎风面上，有时结构较为松脆，受震易塌落，也称树挂。

视程障碍现象

雾：气温下降时，在近地面的空气中，水蒸气凝结成大量微小的水滴，悬浮在空中，常呈乳白色，根据程度不同，水平能见度为50～1 000米。

吹雪：由于强风将地面积雪吹起来，使水平能见度小于10 000米（10千米）的天气现象。

霾：大量极细微的干尘粒均匀地浮游在空中，使水平能见度小于10 000米的空气普遍浑浊现象，霾使远处光亮物体微带黄、红色，使远处黑暗物体微带蓝色。

沙尘暴：由于强风将地面大量尘沙吹起，使空气相当混沌，水平能见度小于1 000米的灾害性天气现象。根据能见度的大小，沙尘暴的强度还可分为沙尘暴、强沙尘暴、特强沙尘暴三个等级。

扬沙：由于风大将地面尘沙吹起，使空气相当浑浊，水平能见度大于等于1 000米、小于10 000米的天气现象。

浮尘：尘土、细小颗粒均匀地浮游在空中，使水平能见度小于10 000米的天气现象。浮尘多为远处尘沙经上层气流传播而来，或为沙尘暴、扬沙出现后尚未下沉的细小颗粒浮游于空中而成。

雷电现象

雷暴：在积雨云中、云间或云地之间产生的放电现象，表现为闪电兼有雷声，有时也可能只听见雷声看不见闪电。

闪电：在积雨云中、云间或云地之间产生放电时伴随的电光，但不闻雷声。根据形状，闪电可分为线状闪电、带状闪电、球状闪电等。

极光：在高纬度地区（中纬度地区也可偶见）晴夜见到的一种在大气高层辉煌闪烁的彩色光弧或光幕，亮度一般像满月时夜间的云。

其他天气现象

大风： 瞬时风速达到或超过17.2米／秒（风力≥8级）的风。

飑： 突然发作的强风，持续时间短促。出现时瞬时风速突增，风向突变，气象要素随之也有剧烈变化，常伴随雷雨出现。

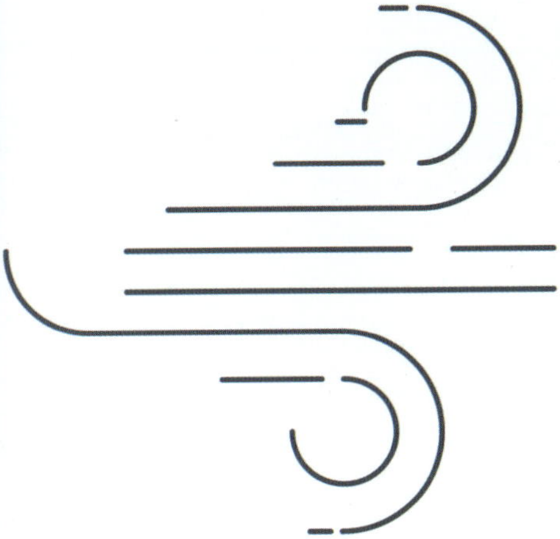

龙卷风： 一种小范围的强烈旋风。从外观看，是从云底盘旋下垂的一个漏斗状云体，有时稍伸即隐或悬挂空中，有时触及地面或水面。旋风过境时，对树木、建筑物、船舶等均可造成严重破坏。

积雪： 雪（包括霰、米雪、冰粒）覆盖地面达到该地四周能见面积的一半以上。

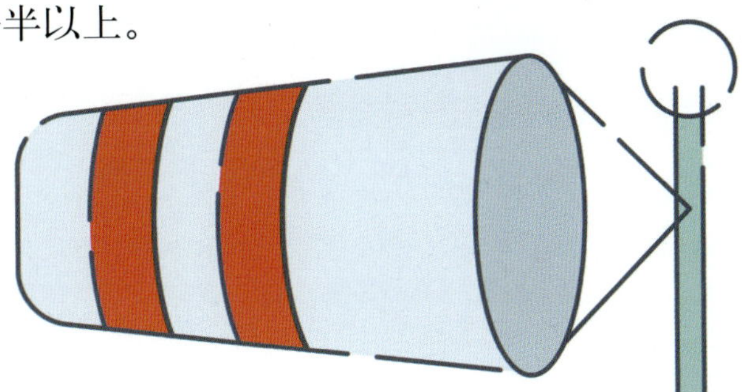

结冰： 指露天水面（包括蒸发皿的水）冻结成冰。

春季常见气象灾害

“迟日江山丽，春风花草香。”

美丽的春天来了，天气渐渐变暖，冰雪融化，草木发芽，花朵盛开，一切都是那么美好。

乍暖还寒，早春时节大风、寒潮天气依然会出现。大风还会伴随着扬沙、浮尘、沙尘暴天气。在天气回暖过程中，还会出现因冷空气入侵，使气温降低明显，从而对农作物造成危害的现象，这种“前春暖，后春寒”的天气现象叫“倒春寒”。

“春雨贵如油”，春季还是干旱的多发季节，干旱会影响春播，或造成春播作物缺苗断垄，影响作物生长。

“好雨知时节，当春乃发生。”春雨是春天的憧憬和期待。

春季常见气象灾害有寒潮、大风、干旱等。

大风

近地面层风力达8级（平均风速17.2～20.7米／秒）或以上的风。

大风不仅能摧毁房屋、庄稼、树木和通信设施，而且会引起飞沙走石、沙丘移动、良田被吞没等，大大影响人们的正常生产、生活。

一些老树干已枯死，根基不牢，有可能在大风天气中断裂，从而对行人或车辆造成危险。

大风天气外出时应做好防护工作，要注意戴口罩、纱巾等防尘用品，以免沙尘对眼睛和呼吸道系统造成损伤。

在公共场所聚集的人们，应疏散至指定地点。

停止露天活动和高空等户外危险作业，危险地带人员和危房居民尽量转移到避风场所避险。

小心高空坠物。不要在广告牌、临时搭建物下面逗留、避风。

开车要小心谨慎，要注意轻型车的安全。

沙尘暴

沙尘暴指强风将地面大量的沙尘物质吹起卷入空中，使空气特别浑浊，水平能见度小于1 000米的严重风沙天气现象。在沙尘暴源地和影响区，沙尘暴产生的大气尘埃导致大气中可吸入颗粒物增加，影响人体健康；大气尘埃会影响果树授粉和牲畜采食；大气尘埃对航空业也有较大影响。

我国西北、华北大部、青藏高原大部等地是沙尘暴灾害的主要发生地区。其中塔里木盆地及其周边地区、柴达木盆地西南部、河西走廊、阿拉善高原、河套平原、鄂尔多斯高原和青藏高原局地是沙尘暴灾害的多发区。

沙尘暴
黄 SAND STORM
沙尘暴
橙 SAND STORM
沙尘暴
红 SAND STORM

寒潮

寒潮指高纬度地区的强冷空气在特定的天气形势下迅速南下，造成沿途地区出现大范围剧烈降温、大风和雨雪的天气现象。

寒潮是春季常见的气象灾害，对农业和牧业影响最大。寒潮灾害带来的降温幅度超过农作物的耐寒能力时，会造成农作物发生霜冻或冻害。寒潮常伴随强风、雨雪等天气，对公路、铁路交通和海上作业安全带来较大的威胁。寒潮对人体健康也会造成较大的危害。

入侵我国的寒潮路径

寒潮
蓝 COLD WAVE
寒潮
黄 COLD WAVE
寒潮
橙 COLD WAVE
寒潮
红 COLD WAVE

夏

夏天是美丽的、令人向往的，我们可以在夏天开展很多有趣的活动。

但是，夏天也是一年中最热的季节。

经常听到“热在三伏”这句话，三伏天是一年中最热的时段，一般出现在每年的7月中旬到8月中旬之间。当气温高于35℃时，人容易中暑，而最高气温达到37℃以上时，中暑的人数会急剧增加。因此，这段时间要注意防暑降温，保养好身体，学校也选择在这个时期放暑假。

二十四节气对应的夏季

二十四节气中的夏季：

从立夏（5月5日至7日之间）开始，到立秋（8月7日至9日之间）结束。

气候学定义的夏季

连续5天的日平均气温超过22℃的首日算作进入夏季。

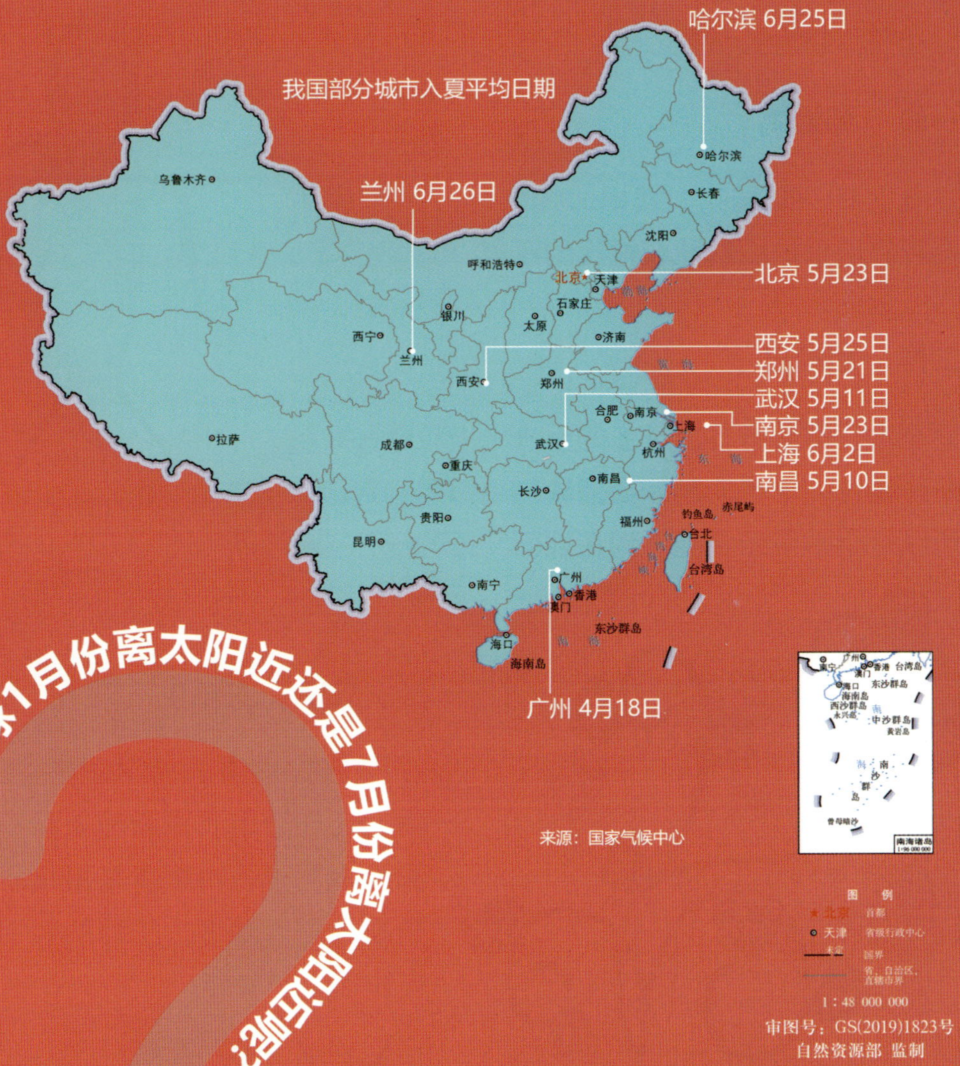

地球1月份离太阳近还是7月份离太阳近呢?

立夏

立夏在每年5月5日至7日间，是夏季的第一个节气。立夏意味着夏天的来临，万物生长旺盛。立夏以后，升温加速，春播作物生长渐旺。

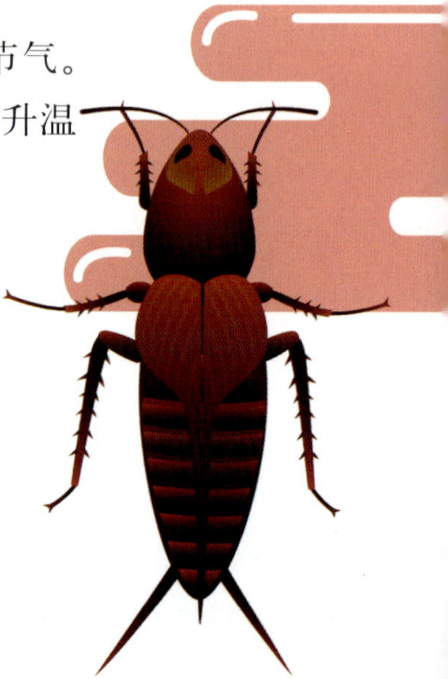

一候　蝼蝈鸣

立夏之日，蝼蝈鸣。蝼蝈即蝲蝲蛄。立夏之后，经常会听到地里蝲蝲蛄此起彼伏的叫声。

二候　蚯蚓出

立夏后，雨量增多，过多的雨水把土粒缝隙中的空气挤压出去，土中的蚯蚓会因缺氧纷纷爬到地面呼吸，所以这个季节经常能看到在地面爬行的蚯蚓。

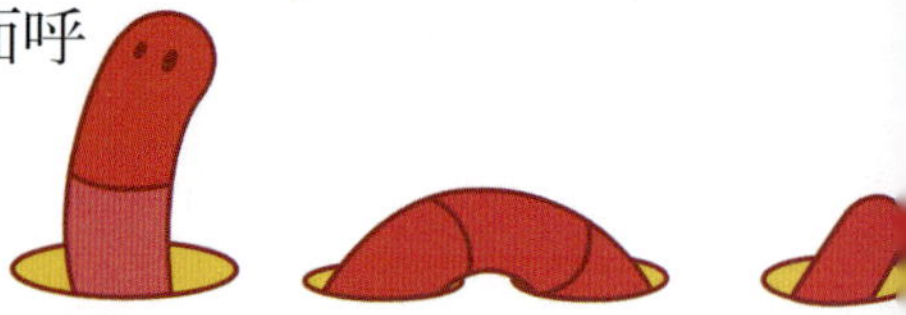

三候　王瓜生

王瓜是多年生草本植物，大部分生长在山坡树林或灌木丛中，由于立夏温度升高，雨水增多，王瓜的藤蔓快速生长攀爬。

小满

小满在每年的5月21日前后。北方夏熟作物处于灌浆时期，籽粒渐饱满。南方则进入夏种夏收大忙季节。小满时节，降水量开始增多。

一候　苦菜秀

小满时节，正是青黄不接之际，唯有苦菜枝繁叶茂。食用苦菜在我国有悠久的历史。

二候　靡草死

据古书记载，靡草为一种喜阴的植物，由于小满时节，阳光渐强，天气渐热，靡草耐不住太阳的暴晒而枯死。

三候　麦秋至

麦秋的“秋”指百谷成熟之时，小满时节，麦子籽粒逐渐饱满，仿佛到了成熟的“秋”，所以叫麦秋至，意味着收获的前奏。

芒种

芒种在每年的6月6日前后。“芒”是指麦类等有芒作物，“种”指谷黍等夏播作物开始播种。“芒种”这两个字说明这是一个农事繁忙的时节。

一候　螳螂生

螳螂在前一年的深秋产卵于林间的树枝、树皮上，至次年芒种时节，温度升高后，小螳螂会破壳而出。

二候　䴗（jú）始鸣

䴗，古书上指伯劳鸟，是一种食肉的小型雀鸟。芒种时期正是伯劳鸟的繁殖期，因此，鸟儿开始频繁地鸣叫以吸引异性。

三候　反舌无声

一说“反舌”即反舌鸟，也叫乌鸫，能效仿别的鸟叫，又称“百舌鸟”。芒种时节，反舌鸟进入孵化哺育期，就不再效仿别的鸟叫，即反舌无声。还有一说，认为“反舌”指中华大蟾蜍，芒种时节，大量中华大蟾蜍出来活动，因其没有声囊，故为“无声”。

夏至

夏至在每年的6月21日或22日。这一天太阳光直射北回归线，是北半球一年中白昼最长、黑夜最短的一天。从夏至这一天开始，白天渐短，黑夜渐长。夏至标志着夏季的到来。

一候　鹿角解

成年雄鹿常有角，鹿角会周期性地生长、脱落。鹿角通常在春季新生，夏至节气脱落，古人把鹿角脱落谓之“鹿角解”。

二候　蜩（tiáo）始鸣

蜩，古书上指蝉，俗称知了，是世界上寿命最长的昆虫之一。每年夏至，蝉最后一次褪去外壳，发育成熟，进入交配繁殖期。此时，雄蝉靠振动鼓膜发出嘹亮的鸣叫，以吸引雌蝉前来交配。

三候　半夏生

半夏，是一种植物，可入药，有燥湿化痰、祛寒的功效。半夏喜阴，常在每年夏至的时候开始出现。

小暑

小暑在每年的7月7日前后。暑，表示炎热的意思，小暑为小热，还没到最热。民间谚语：大暑小暑，上蒸下煮。

一候　温风至

小暑以后，我国大部分地区日最高气温已达30℃以上，从现代气候学的观点看，小暑中后期已经入伏，迎面刮来的是热风了。

二候　蟋蟀居壁

“七月在野、八月在宇、九月在户，十月蟋蟀入我床下。”小暑时节，由于地面温度升高，蟋蟀在地下觉得闷热，就会从土穴里出来，爬到屋檐下或阴凉的墙壁上乘凉。

三候　鹰始鸷

“鸷”，凶猛的意思。小暑时节，天气变得炎热，鹰此时常会借助上升的热气流盘旋于高空，俯冲捕食。

大暑

大暑在每年的7月23日前后。大暑是天气非常炎热的意思，表明它是一年中最热的时节。大暑以后，玉米拔节孕穗，大豆开花结荚。

一候　腐草为萤

萤即萤火虫，喜欢在灌木丛中生活。此时正是萤火虫交配繁殖的季节，因此，夜晚在潮湿多水、杂草丛生的地方，频频有萤火虫卵化而出，古人便误以为草木腐败后化为萤火虫。

二候　土润溽暑

大暑时节，我国受副热带高气压暖湿气流影响，空气潮湿闷热，土壤中的水分不易蒸发而湿润，是谓“土润溽暑”。

三候　大雨时行

“行，降也”。大暑末期，降雨时常出现，大雨使暑湿减弱，天气开始向立秋过渡。

走进气象站

天气预报是怎么制作出来的呢？

天气预报是气象工作者根据长期气象观测数据和理论而总结的大气变化规律，对实时气象探测资料、地形和季节特点进行综合分析而得出的结论。气象站就是为了取得气象资料而建成的观测站。

地面气象观测站是指用目力和借助仪器，对近地面的大气状况及其变化进行连续、系统观察和测定的场所。由于观测的结果需在一个国家、一个大区以至全球范围进行分析比较，所以，气象观测站的位置、气象仪器的精度、安装及使用方法、观测时间和观测项目、观测方法和记录方法，以及观测结果的传递等，都必须按照世界气象组织和国家气象部门的统一规定进行。

地面气象观测站

国家基准气候站

简称基准站，是根据国家气候区划及全球气候观测系统的要求，为获取具有充分代表性的长期、连续气候资料而设置的气候观测站，是国家天气气候站网的骨干，必要时可承担观测业务试验任务。

国家基本气象站

简称基本站，是根据全国气候分析和天气预报的需要所设置的气象观测站，大多担负区域或国家气象信息交换任务，是国家天气气候站网中的主体。

国家一般气象站

简称一般站，是按省（区、市）行政区划设置的地面气象观测站，获取的观测资料主要用于本省（区、市）和当地的气象服务，也是国家天气气候站网的补充。

地面气象站主要观测什么？

地面气象站主要观测：气压、温度、空气湿度、地温、风向、风速、降水、云量、云状、能见度、辐射、日照、蒸发、冻土、积雪、电线积冰等。

地面气象站选址要求

地面气象观测站要求设在对当地天气和气候具有一定代表性的地点，一般要求四周空旷，场地平坦，远避坡谷、建筑物、水泽和林木等地形地物，以免受到影响。

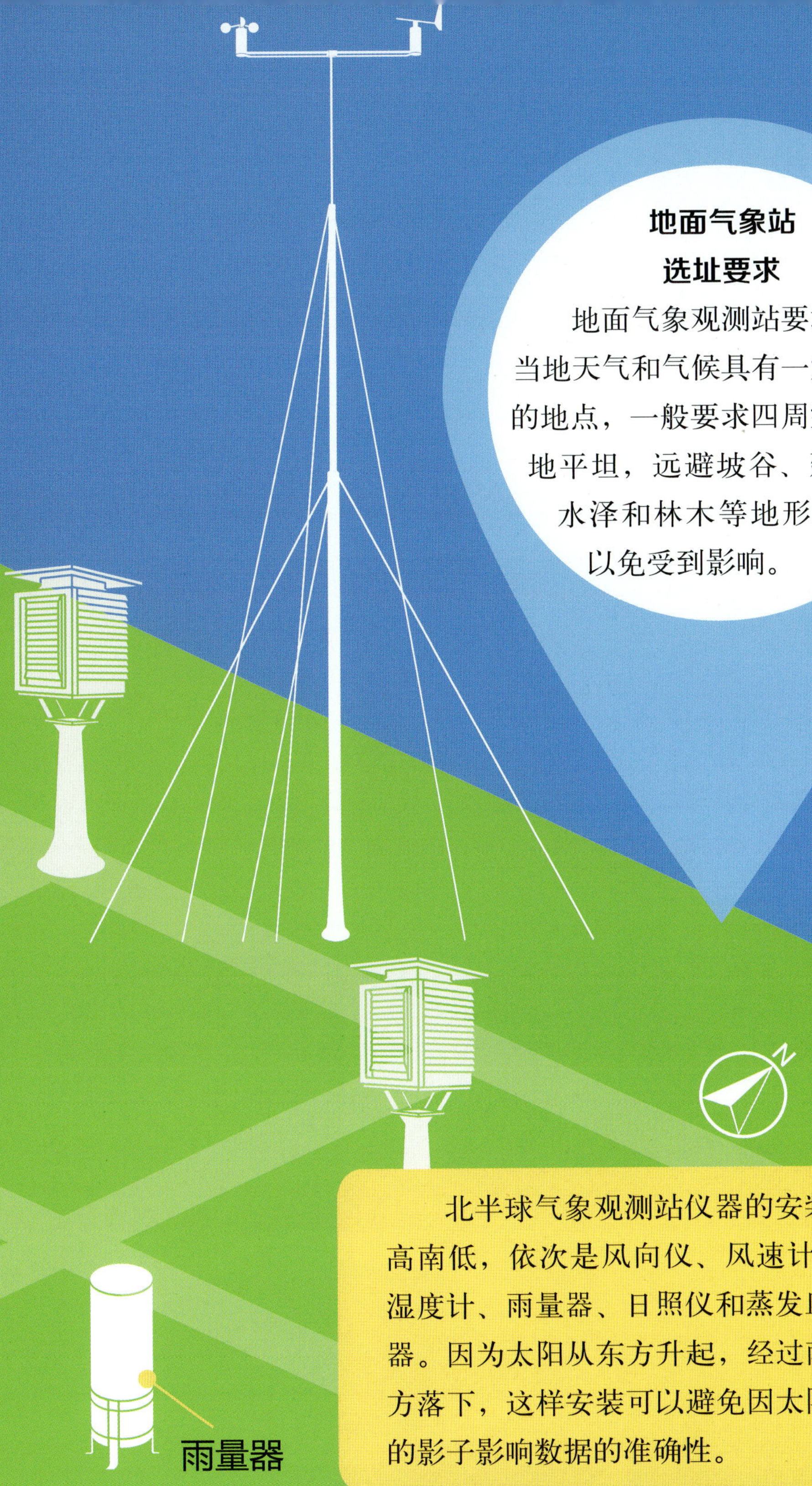

北半球气象观测站仪器的安装方位是北高南低，依次是风向仪、风速计、温度计、湿度计、雨量器、日照仪和蒸发皿等观测仪器。因为太阳从东方升起，经过南方，从西方落下，这样安装可以避免因太阳照射形成的影子影响数据的准确性。

地面气象观测仪

测定空气温度和湿度的仪器是干湿球温度计，安置在百叶箱内。百叶箱的作用是防止太阳对仪器的直接辐射和地面对仪器的反射辐射，保护仪器免受强风、雨、雪等的影响，并使仪器感应部分有适当的通风，能真实地感应外界空气温度和湿度的变化。箱下支架固定在气象观测场上，箱门朝北，箱底离地面有一定高度。箱内干、湿球温度计球部距地面的高度为1.5米，最高、最低温度计应略高于1.5米。

风速计是测定风向风速的仪器。最常用的为风杯风速计，它由3个互成120°固定在支架上的抛物锥空杯组成感应部分，空杯的凹面都顺向一个方向，装在观测场内距地面10米高的测风杆或风塔上。

雨量器是测量降水量的仪器。常见的雨量器由雨量筒和量杯组成。雨量筒外壳是金属圆筒，分上下两节，上节是一个口径为20厘米的盛水漏斗，为防止雨水溅失，下节筒内放一个储水瓶用来收集雨水。量杯是有刻度的专用杯，有100分度，每1分度等于雨量筒内水深0.1毫米。测量时，把储水瓶中的水倒进特制的量杯，就可以知道当日的降雨量。

日照仪是测定某地在一天中太阳照射地面时间长短的一种仪器。

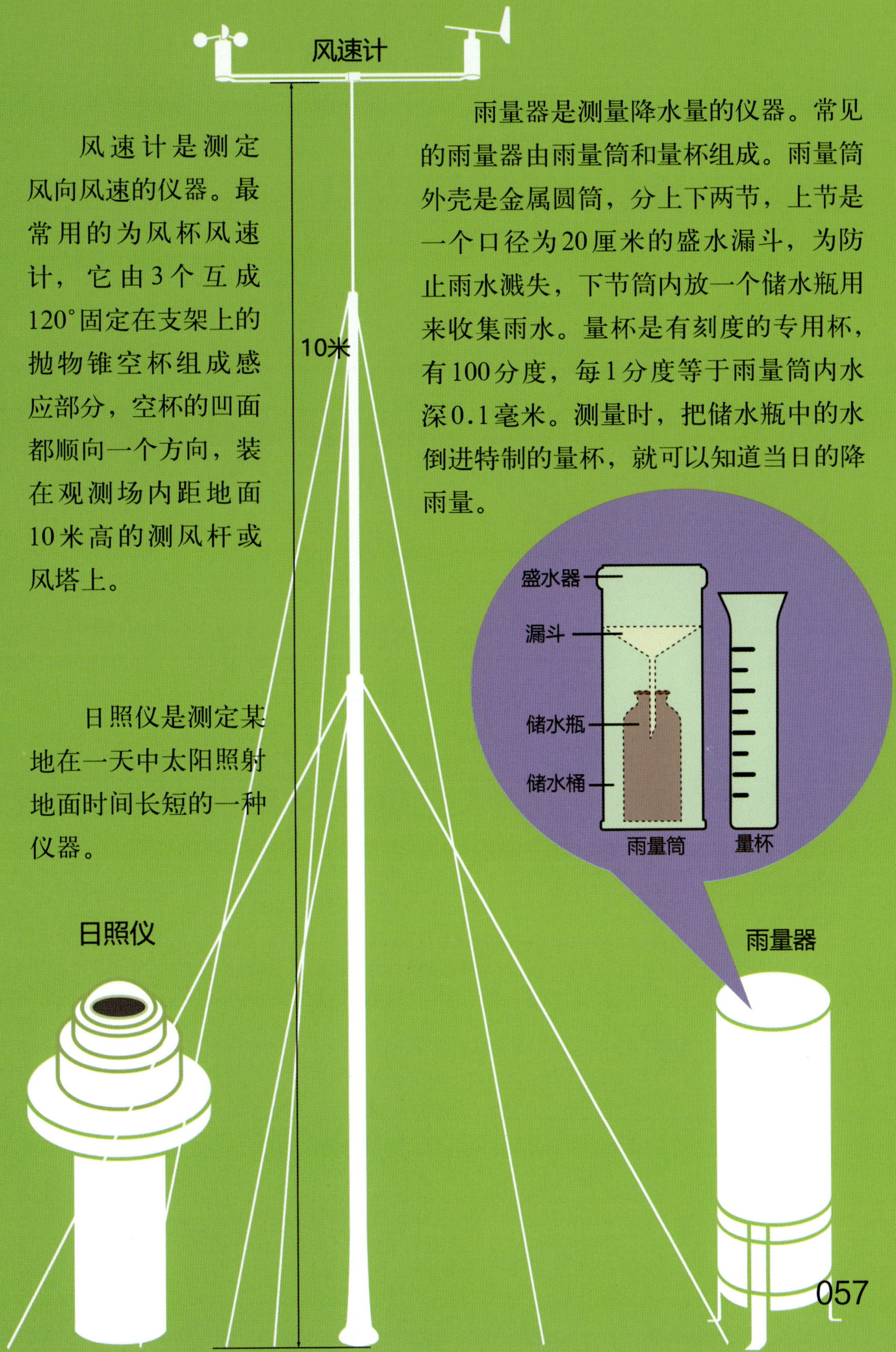

地面气象观测

气象观测是观察和测量地球大气的物理和化学特性及大气现象的方法和手段，它包括地面气象观测、高空气象观测、大气遥感探测和气象卫星探测等，能观测从地面到高层，从局地到全球的大气状态及其变化。除了为天气预报提供日常资料外，还通过长期积累和统计加工成气候资料，为农业、林业、工业、交通、军事、水文、医疗卫生和环境保护等部门进行规划、设计和研究，提供重要的数据。

云的观测

常规气象观测要测定云状、云量和云高。

云状：主要指云的外形特征的不同形态。

云量：云量的多少凭目测云块占据天空的面积来估计，天气预报中的晴、少云、多云和阴，就是根据云量的多少划分的。

云高：指云底距地面的垂直距离，通常用目力估计，随着科技的发展，现已使用激光云高仪测量云的高度。

能见度的观测

测量大气能见度一般可用目测的方法，也可以使用大气透射仪、激光雷达式能见度仪等测量仪器测量。能见度是反映大气透明度的一个指标。

降水的观测

气象站大都配有能自动记录雨量的自记雨量器，可以测量各个时段降水的强度。随着自动气象站自动化程度的提高，目前使用翻斗雨量计或称重式雨量传感器测量降水量。

蒸发量的观测

测量水面蒸发的仪器常用的有小型蒸发皿、大型蒸发桶等。

小型蒸发皿是口径为20厘米、高约10厘米的金属圆盆，盆口成刀刃状，为防止鸟兽饮水，器口上部套一个向外张成喇叭状的金属丝网圈。测量时，将仪器放在架子上，器口离地70厘米，每日放入定量清水，隔24小时后，用量杯测量剩余水量，所减少的水量即为蒸发量。

大型蒸发桶是一个器口面积为0.3平方米的圆柱形桶，桶底中心装一直管，直管上端装有测针座和水面指示针，桶体埋入地中，桶口略高于地面。每天20时观测，将测针插入测针座，读取水面高度，根据每天水位变化与降水量计算蒸发量。目前，大型蒸发桶的观测已实现自动化。

湿度的观测

测量空气湿度通常用干湿球温度计。干球温度计用来测量气温；湿球温度计的水银球用湿润纱布包裹着，纱布下端浸在水盂里（使湿球纱布始终保持湿润状态）。湿球纱布上的水在空气没有达到饱和时会不断蒸发，湿度大时蒸发慢，湿度小时蒸发快。湿度是100%时，空气中所含水汽已饱和，水分停止蒸发。水分蒸发是要消耗热量的，这样湿球温度计的读数就会减小。因此，除了空气饱和，即相对湿度为100%（此时湿球温度计的读数和干球温度计一样）以外，干球温度计的读数总比湿球温度计的读数要高。两者差值越大，表示空气越干燥，相对湿度越低。因此利用干湿球温度差可以知道空气相对湿度的高低。

天气现象的观测

在地面气象观测中，各种天气现象通常由人工进行观测，并用统一的专用符号表示。

如降水现象、地面凝结和冻结现象、视程障碍现象、雷电现象，以及一些其他现象的观测。

日照的观测

测定日照时数的仪器主要有暗筒式日照计。一个圆形暗筒上留有小孔，当阳光透过小孔射入筒内时，装在筒内涂有感光药剂的日照纸上便留下感光迹线，利用感光迹线可计算出日照时数，这是气象站常用的仪器。此外还有聚焦式日照计和光电日照计。

气温的观测

气温观测项目有：定时气温，日最高、最低气温。气象台站观测和记录的气温，是用放在百叶箱里的温度计测得的。测定气温一般采用摄氏温标。

现代大气探测技术

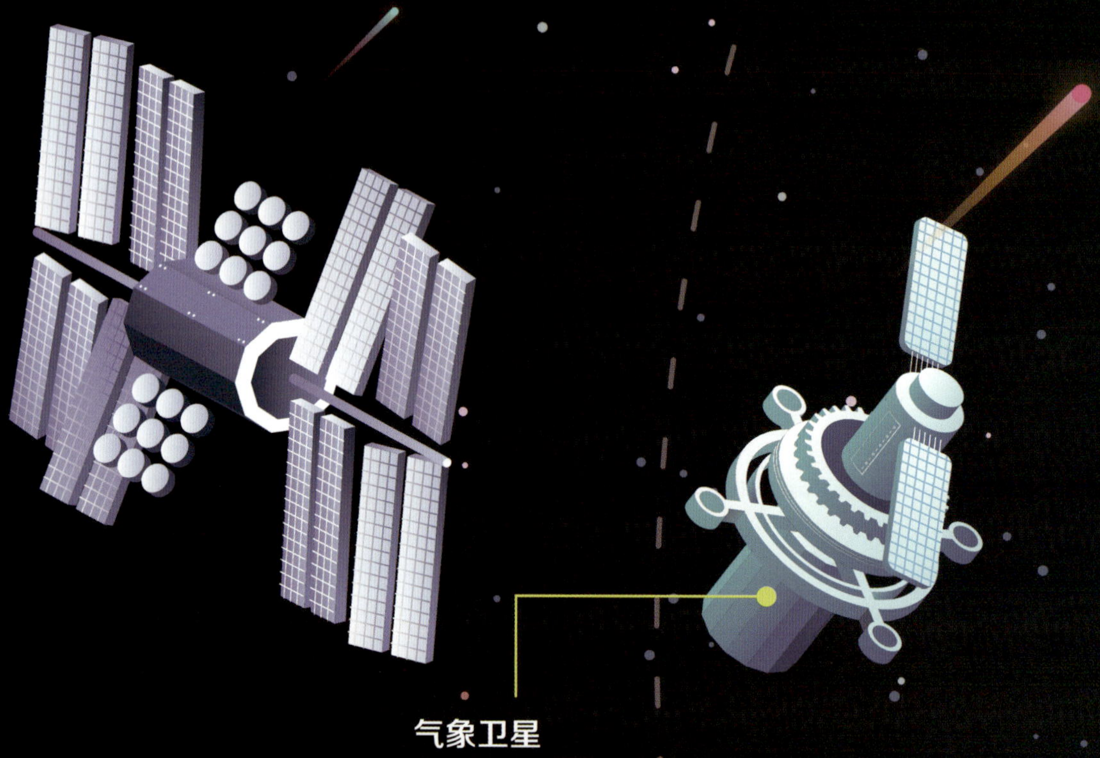

气象卫星是进行大气探测的重要工具，具有范围大、及时迅速、连续完整的特点，并能把云图等气象信息发给地面用户。气象卫星可以全天24小时不间断地提供图像资料，在森林防火、台风、暴雨、沙尘暴、大雾、干旱、洪涝、雪灾等的监测防御中，起着非常大的作用。

气象卫星主要有极轨气象卫星和同步气象卫星。

极轨气象卫星又称太阳同步轨道气象卫星，围绕地球南北极飞行，轨道高度830千米左右，绕地球飞行一圈约102分钟，它的优点是可以对全球任何地点进行观测。

同步气象卫星又称为静止卫星，因为它永远在赤道上空，而且绕地球的速度和地球自转的速度相同，从地球上看，这种卫星一直都在同一位置，不像极轨气象卫星一直在变换位置。它的优点是对特定地区可进行连续的观测。

可以说，气象卫星是世界上最高的气象探测站。

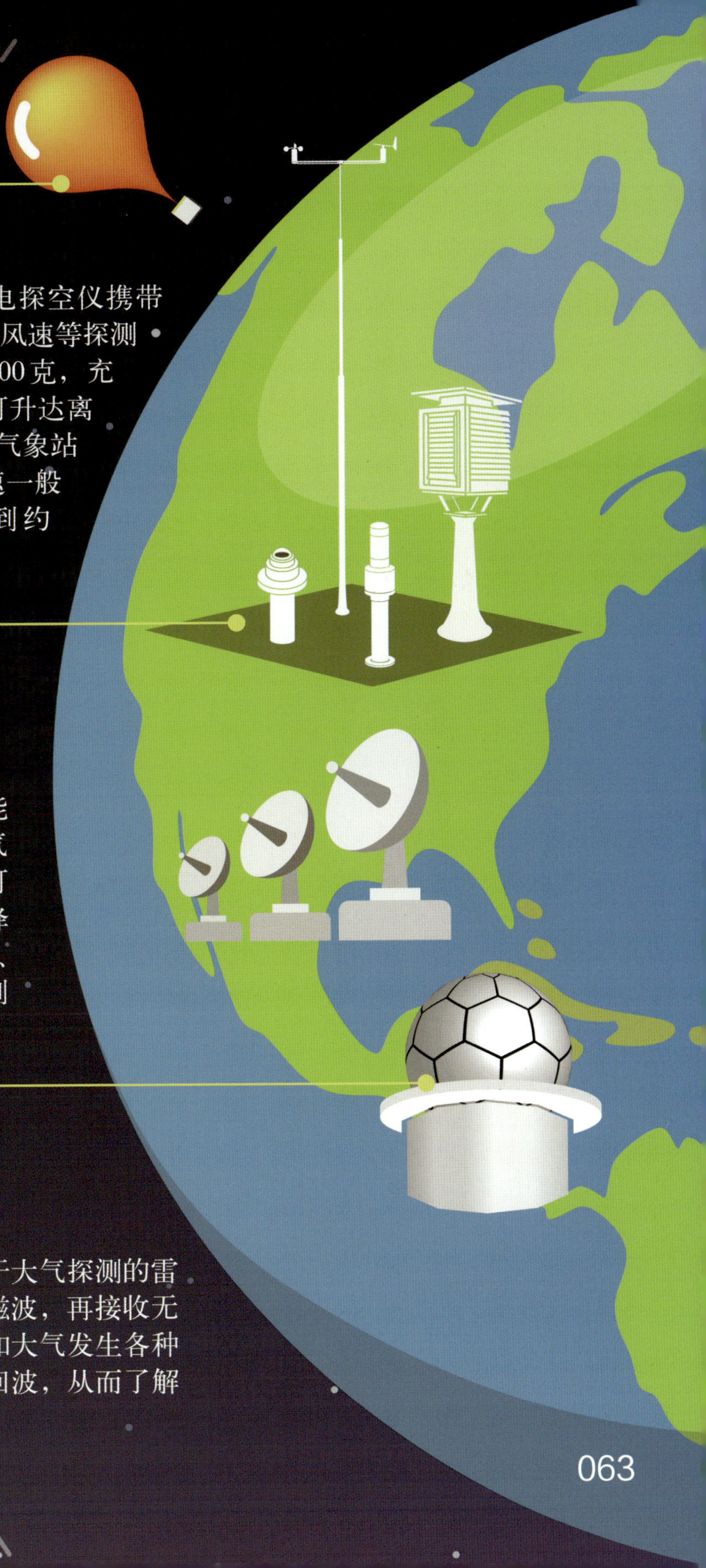

探空气球

探空气球是把无线电探空仪携带到高空进行温度、湿度和风速等探测的气球。球重300～1 000克，充入适量的氢气或氦气，可升达离地面30～40千米。高空气象站使用的常规探测气球升速一般为6～8米/秒，上升到约30千米高空后自行爆裂。

自动气象站

自动气象站是一组能自动观测、存储和发送气象观测数据的设备，它可以连续自动测量气压、降水、气温、湿度、风向、风速等气象要素。采集到的数据会自动上传。

气象雷达

气象雷达是专门用于大气探测的雷达，通过向空间发射电磁波，再接收无线电磁波在传播过程中和大气发生各种相互作用后产生的雷达回波，从而了解大气的各种物理特性。

夏季常见气象灾害

“麦随风里熟，梅逐雨中黄。”

初夏，草木葱茏，田野欢歌，丰收在望。小麦正处于抽穗、扬花、灌浆的时期。这个时候会出现干热风，它是一种高温、低湿并伴有一定风力的农业灾害性天气。干热风致使植物蒸腾加剧，往往导致小麦灌浆不足甚至枯萎死亡。

“绿树阴浓夏日长，楼台倒影入池塘。”夏季来临，天气渐热，雨水增多，是强对流天气的多发时节，伴随着雷电、大风、暴雨、冰雹等灾害性天气的发生。有时还会出现龙卷风、飑线等灾害性天气现象，致使房屋倒毁，庄稼、树木受到摧残，电信、交通受损，甚至造成人员伤亡等。

说到夏季，就不能不提到台风。台风发生时常常伴有狂风暴雨，其破坏力强、危害性大。夏季，强暴雨会冲毁道路，造成山洪、泥石流等次生灾害的发生。

夏季常见气象灾害有高温、干热风、暴雨、雷电、冰雹等。

暴雨

暴雨是指某地24小时降雨量达到或超过50毫米的强降雨天气现象，时常夹杂着大风，是一种常见的气象灾害。

暴雨降水强度分为三个等级

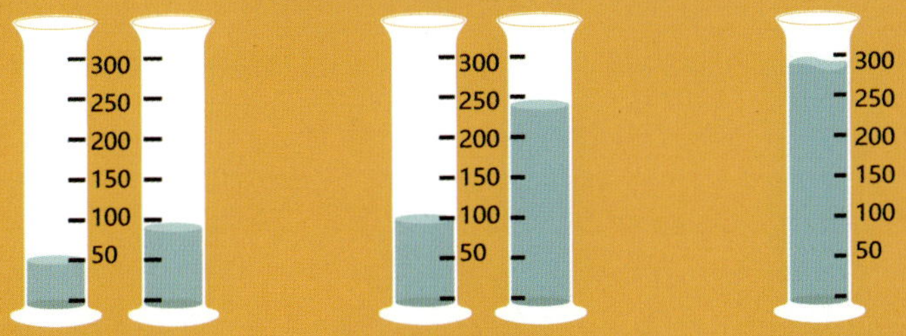

暴雨
24小时降水量50～99.9毫米

大暴雨
24小时降水量100～249.9毫米

特大暴雨
24小时降水量250毫米以上

暴雨时不可攀爬带电的电线杆、铁塔，也不要爬到泥坯房的屋顶。发现高压线铁塔或者电线头下垂时，一定要迅速远避。

如果是危旧房屋或处于低洼地方，应及时转移到安全地方。暂停室外活动，并立即到高处暂避。建议学校暂时停课。

台风

台风是发生在西北太平洋和南海海域的较强热带气旋系统。台风往往造成狂风、暴雨、巨浪和风暴潮等恶劣天气，引起海堤决口，船只沉没，房屋倒塌，庄稼淹没倒伏，交通、电力等设施被破坏，是破坏力很强的灾害性天气。

台风来临时，应及时关好门窗，尽量不要外出。如果在室外，尽可能远离建筑工地、广告牌、铁塔、大树等。

我国台风路径
乌鲁木齐
哈尔滨
长春
沈阳
呼和浩特
北京
天津
石家庄
银川
太原
济南
西宁
兰州
西安
郑州
合肥
南京
上海
拉萨
成都
武汉
杭州
重庆
长沙
南昌
贵阳
福州
昆明
台湾岛
南宁
香港
澳门
海口
海南岛
图 例
北京 首都
天津 省级行政中心
国界
省、自治区、直辖市界
1 : 48 000 000
审图号：GS(2019)1823号
自然资源部 监制
广州
南宁
香港
澳门
台湾岛
海口
东沙群岛
海南岛
西沙群岛
永兴岛
中沙群岛
黄岩岛
南沙群岛
曾母暗沙
南海诸岛

高温

高温是指日最高气温达到或超过35℃时的天气现象。连续高温酷暑会使人体不适而影响生理、心理健康，甚至引发疾病或死亡。

高温天气宜吃咸食，多饮凉茶等，以补充因出汗失去的盐分、水分。

使用空调、电扇，以改善室内闷热环境。

浑身大汗时应先擦干汗水，稍事休息后再用温水沐浴。

适量进行体育锻炼，以增强人体的耐热功能，提高适应高温环境的能力。

冰雹

冰雹是一种大于5毫米的固态降水粒子，属强对流天气现象，夏季或春夏之交常见。冰雹是我国严重的气象灾害之一。我国除广东、湖南、湖北、福建、江西等省冰雹较少外，其他省份每年都会受到不同程度的冰雹灾害。尤其是北方的山区及丘陵地区，地形复杂，天气多变，冰雹灾害严重，农业生产深受其害。猛烈的冰雹致使庄稼、房屋被损坏，人和牲畜被砸伤的情况常常发生。

下冰雹时用物品或手臂保护头部，并尽快转移到安全的建筑物内。

要迅速进入建筑物中，不要在高楼、广告牌、烟囱、电线杆下躲避，不要在有玻璃、木板、易塌房屋、易断树枝等场所躲避。

雷电

雷电就是我们所说的打雷闪电，是夏季常见的一种气象灾害。雷电可击伤人员、击毁建筑物等。

远离树木、电线杆、烟囱等尖顶、孤立的物体
不宜进行户外球类、攀爬、骑驾等运动
不要使用太阳能热水器洗澡
在空旷场地不宜使用有金属尖端的雨伞
切勿游泳或从事其他水上运动
打雷时不要钓鱼
不宜驾驶摩托车、骑自行车赶路
打雷时切忌狂奔

干旱

干旱是指久晴无雨或少雨，降水量较常年同期明显偏少而形成的一种气象灾害。

根据成因可分为大气干旱、土壤干旱和生理干旱。其中，大气干旱是由于大气温度过高、相对湿度过低等气象因素造成植物出现缺水的现象，最明显的表现是降水量持续低于某一正常值。

制订用水计划，科学用水，节约用水，充分发挥现有水资源的最大效益。

因地制宜实行农、林、牧相结合的生态结构，改善农业生态环境，可减轻和避免干旱的威胁。

秋

秋天是由夏天到冬天的过渡季节，秋天又是收获希望和喜悦的季节。进入秋季，温度渐降，秋风送爽，硕果满枝，田野金黄。

每当秋天来临的时候，一股股的冷空气从西伯利亚南下进入我国大部分地区，当它和南方正在逐渐衰退的暖湿空气相遇后，便形成了雨。冷空气每每南下，常常造成一次次的降雨，并使当地的气温一次次降低。冷空气连续几次南下，降几场雨，气温就逐次下降，天气自然就转凉了。这就是俗话说的“一场秋雨一场寒”。

二十四节气对应的秋季

二十四节气中的秋季：

从立秋（8 月 7 日至 9 日之间）开始，到立冬（11 月 7 日至 8 日之间）结束。

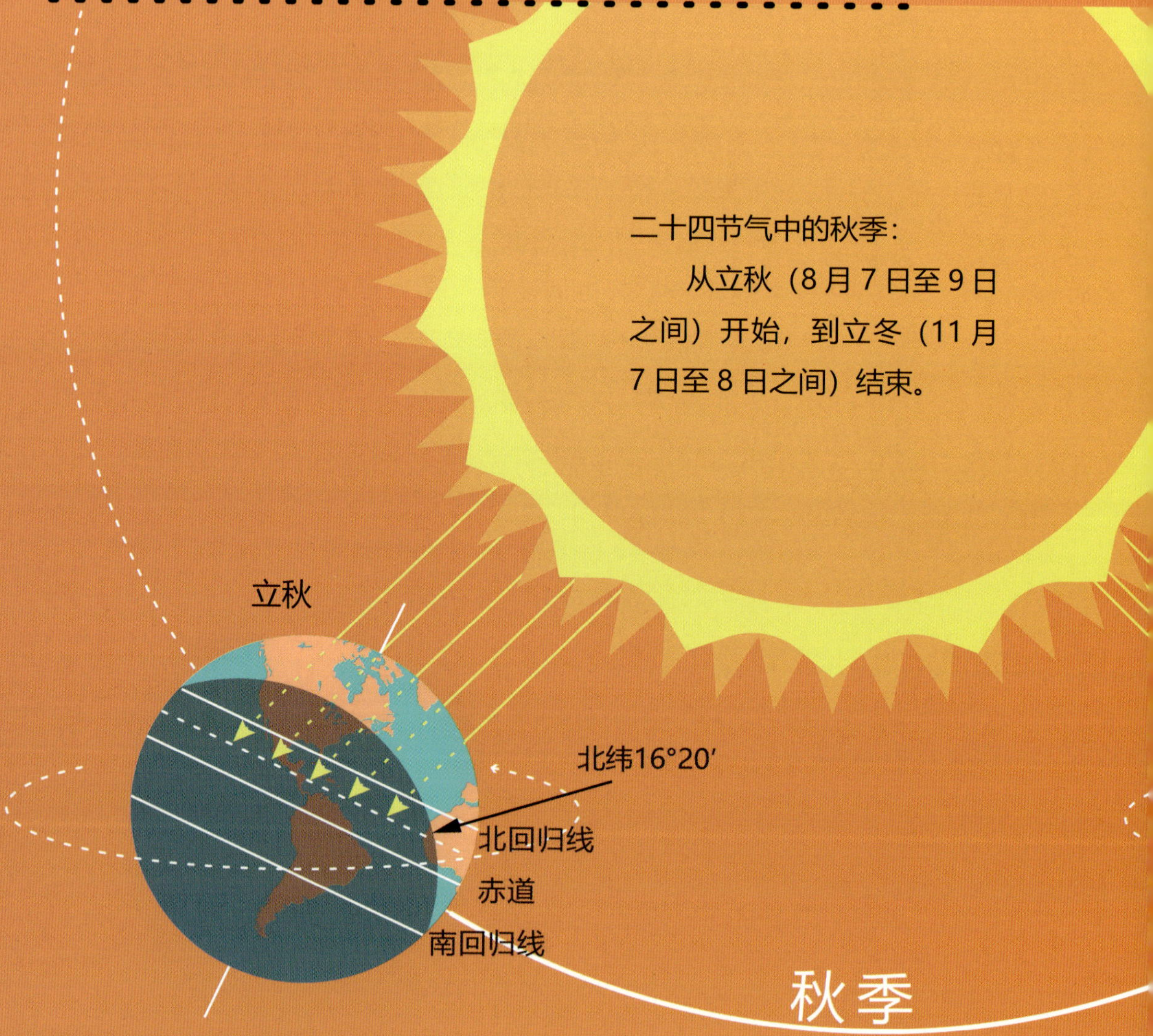

立秋并不代表酷热天气的结束，所谓“热在三伏”，按照“三伏”的推算方法，立秋至处暑往往还处在“三伏”期间，所以初秋天气还很热，真正凉爽一般要到白露节气之后。

气候学定义的秋季

连续5天的日平均气温稳定在22℃以下时算作进入秋季。

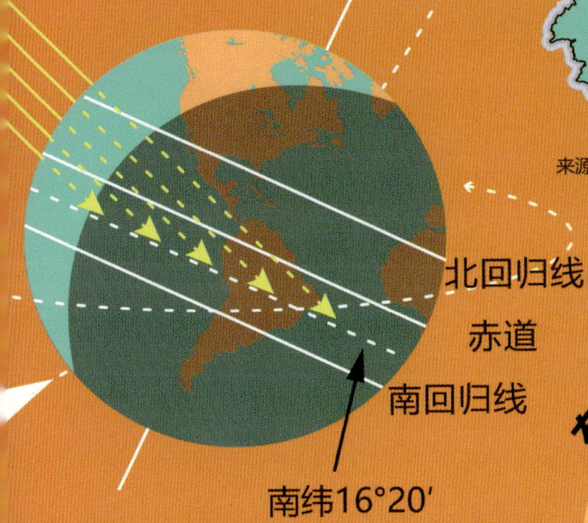

有两个节气白天和晚上一样长，是哪两个节气呢？

立秋

立秋在每年8月7日至9日之间。立秋预示着炎热的夏天即将过去，清凉的秋天即将来临。

立秋以后，庄稼开始成熟，秋收即将开始。

一候　凉风至

受季风气候影响，立秋后冷空气活动频繁，天气慢慢发生变化。

二候　白露降

立秋后，白天日照仍然强烈，入夜后，温度下降，形成一定的昼夜温差，空气中的水蒸气便在植物上凝结成露珠。

三候　寒蝉鸣

“寒蝉”是蝉的一种。立秋时节是寒蝉的交配期，此时雄性寒蝉开始鸣叫，以吸引雌性前来交配，故称“寒蝉鸣”。

处暑

处暑在每年的8月22日至24日之间。处，含有“躲藏”“终止”的意思，处暑表示炎热的夏季即将结束，天气逐渐凉爽起来。处暑以后，日夜温差增大，中午气温仍偏高，但夜晚降温幅度大，不再闷热，昼暖夜凉的天气条件有利于庄稼的成熟。

一候　鹰乃祭鸟

立秋后，鹰会大量地捕捉田间的老鼠、兔子以及天上的飞鸟等猎物，然后把它们摆在地面上，犹如祭祀一样，故称“鹰乃祭鸟”。

二候　天地始肃

立秋后气温明显降低，树叶开始凋零，夏季活跃的昆虫也走向生命的尾声，万物走向沉寂，天地间开始显现肃杀之气。

三候　禾乃登

“禾”指的是黍、稷、稻等谷类作物，“登”是成熟的意思，“禾乃登”指谷类作物开始成熟，进入收割期。

白露

白露在每年的9月7日至9日之间。白露时节天气已经转凉，夜晚的温度与白天相比明显降低，水汽在地面或近地物体上凝结成水珠，呈现白露。

一候　鸿雁来

“八月初一雁门开，鸿雁南飞带霜来。”白露时节，天气渐冷，鸿雁会排成行从北方迁徙到温暖的南方过冬。

二候　玄鸟归

“玄鸟”即燕子。白露过后，燕子也会从我国北方繁殖地，大规模地迁徙到中南半岛至印度尼西亚一带温暖的地区越冬。“玄鸟归”描述燕子飞离我国的情景。

三候　群鸟养羞

“羞”为鸟类的粮食，“养羞”即储存鸟类的粮食。随着天气变冷，万物逐渐枯竭，许多鸟类开始储存大量的粮食以备过冬。

秋分

秋分在每年的9月23日前后。“分”有两层含义：一是表示昼夜平分之意；二是秋分日居于秋季90天中间，平分了整个秋季。秋分这一天太阳达到黄经180°，太阳几乎直射赤道，此后，直射位置逐渐南移，北半球开始昼短夜长，气温下降的速度明显加快。秋分时节，正是“秋收、秋耕、秋种”的“三秋”大忙季节。

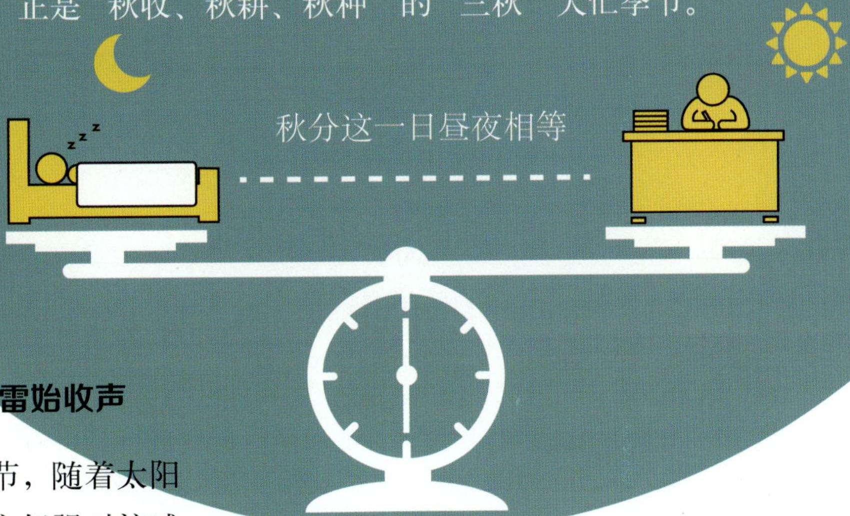

一候　雷始收声

秋分时节，随着太阳辐射减少，空气强对流减弱，雷电不再频繁发生。

二候　蛰虫坯户

“蛰”意为藏起来，“坯”是“培”的意思，指堆上土。由于气温下降，一些昆虫和动物开始陆续藏于穴中，并用细土封住洞口，以防冷气进入。

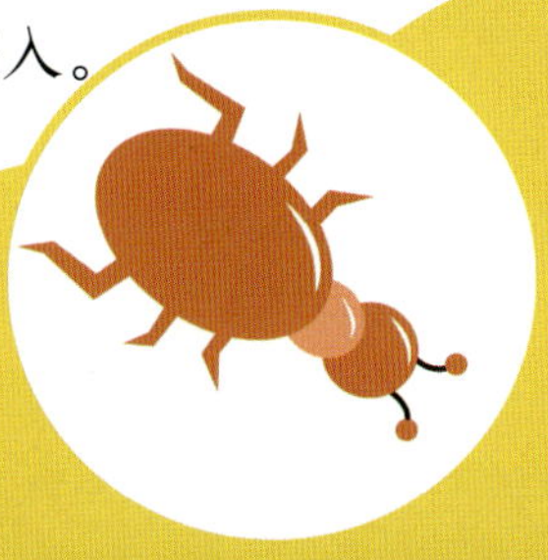

三候　水始涸

自秋分时节降雨量逐渐减少，天气干燥，湖泊河流因水分蒸发快又得不到补充，水量减少甚至干涸。

寒露

寒露在每年的10月8日前后。此时气温较白露时更低，露水更多，且带寒意，故称寒露。寒露以后，天气常常是昼暖夜凉，红薯、玉米等秋作物都停止了生长。一到寒露，就进入了深秋季节，此时晴空万里，天高云淡，水果满枝，稻谷飘香。

一候　鸿雁来宾

“雁以仲秋先至者为主，季秋后至者为宾。”寒露后仍有大量鸿雁南飞，按照古人说法，先到为主，后至为宾，这些寒露后南迁的鸿雁较之白露时南迁的鸿雁更晚，所以为“宾”。

二候　雀入大水为蛤

“大水”指大海。寒露时节气温骤降，鸟类活动减少，而此时海边出现很多蛤蜊，因蛤蜊的颜色和花纹与雀鸟近似，古人误以为深秋难觅其踪的雀鸟投入了大海，变成了蛤蜊。

三候　菊有黄华

《礼记 · 月令》中有“季秋之月，鞠有黄华”，寒露时节草木凋敝，百花早已残败，而菊花此时却正值盛开之季。

霜降

霜降是秋季的最后一个节气，在每年的10月22日至24日之间。霜降还有天气渐冷、水汽开始结霜的意思。气象学上，一般把秋季出现的第一次霜叫作“初霜”，把春季出现的最后一次霜叫作“终霜”。民间也有把初霜叫作“菊花霜”的，因为此时菊花盛开。

一候　豺乃祭兽

以豺为代表的兽类，在深秋时节大量捕获猎物，陈列并储藏起来，以备过冬。

二候　草木黄落

霜降时期，大部分草木出现枯黄凋零的现象。

三候　蛰虫咸俯

“咸”意为全部。霜降之后，气温骤降，具有冬眠习性的动物此时都进入事先建好的巢穴中，准备进入不动不食的休眠状态。

20℃

天气预报

天气预报是应用大气变化的规律，根据当前及近期的天气形势，对某一地区未来一定时期内的天气状况进行预测。

天气预报制作过程

1. 气象资料的收集

每天同一时间，将世界各地观测到的气温、气压、湿度、风向、风速等气象信息，以及气象卫星和气象雷达收集的资料集中到一起。

2. 制作天气图

把同一时间收集到的气象信息用规定的符号填到特制的地图上，这种图就叫天气图，就好像给地球拍了 X 光片，反映出各地的天气情况。

短时预报

预报未来3～12小时的天气情况

短期预报

预报未来24～72小时的天气情况

中期预报

预报未来4～10天的天气情况

延伸期预报

预报未来10～30天的天气情况

3. 预报员分析会商

天气图送到预报员手中，同时传入数字化信息分析系统进行综合分析。预报员进行分析会商，形式像一场辩论会，各自发表意见，互相启发，达成一致，最后做出天气预报结论。

4. 将天气预报对外公布

将天气预报结论通过电视、广播、报纸、网络、手机短信等各种方式发布出去。

人工影响天气

人工影响天气是指为避免或者减轻气象灾害，合理利用气候资源，在适当条件下通过科技手段对局部大气的物理过程进行人工影响，实现增雨（增雪）、防雹、消雨、消雾、防霜等目的的活动。

人工增雨

人工增雨是在有利于降水的天气条件下，采用人工干预的方法，在自然降雨之外再增加部分降水的一种科学手段。

人工增雨是解决农业抗旱、水库蓄水、保护生态环境及森林防火等问题的重要手段。

飞机催化作业

据不同云层的物理特性，选择合适的时机，用飞机等向云中播撒干冰、碘化银、盐粉等催化剂，促使云层降水或增加降水量。

在地面上布置碘化银燃烧炉

碘化银燃烧炉是近几年来发展的新型人工影响天气作业工具，主要针对地形云进行催化作业，一般安装在山地的迎风坡上，能在各种环境下进行人工影响天气作业。

增雨火箭弹

增雨火箭弹又叫增雨弹，是一种用来人工增雨的炮弹。这些炮弹弹头是改装过的非金属外壳弹头，内部除了少量炸药外还装有碘化银颗粒，是特制的特殊催雨炮弹。

人工防雹

人工防雹是用播撒催化剂或爆炸等方法，抑制或削弱云中冰雹的生长，以减轻或消除冰雹危害的措施。

播撒法

往云中播撒成冰催化剂。冰雹云中含水量很大，而自然冰雹胚胎为数不多，所以这些冰雹胚胎能充分地与过冷水滴并合而长成大冰雹。播撒成冰催化剂以后，冰雹云中产生大量的人工冰雹胚胎，它们和自然胚胎争夺水分，使云中水量分散到大量的胚胎上，结果每一个胚胎都不能得到充分的水量而长成对农作物有损害的大冰雹。

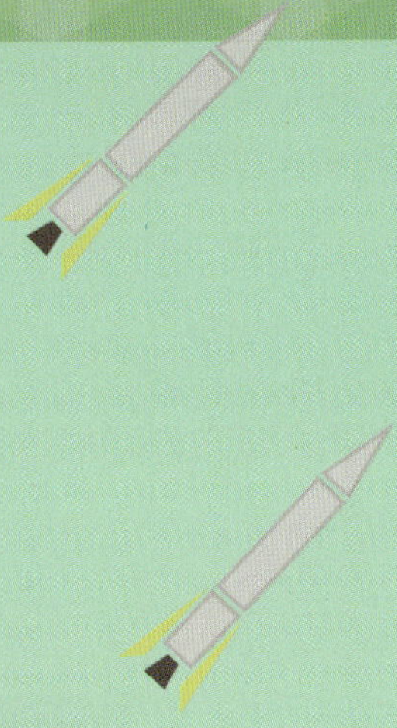

爆炸法

用高射炮、火箭或土炮等，向云的中部和下部大量集中轰击。

人工消雾

人工消冷雾

向雾中播撒适当物质使之产生大量冰晶，冰晶与水汽和水滴共存时，雾中的水汽便会迅速凝结到冰晶上，冰晶的增长抑制了水滴的增长，并促使水滴不断蒸发，数量减少，从而达到减少和清除大气中雾滴的效果。

可产生冰晶的物质有制冷剂（液氮、丙烷和干冰等）、人工冰核（碘化银等）和通过膨胀降温产生冰晶的压缩空气。

人工消暖雾

人工消暖雾采用的方法有：

加热法：对小范围区域雾区如机场跑道等，大量地燃烧汽油等燃料，加热空气使雾滴蒸发而消失。

吸湿法：播撒盐、尿素等吸湿质粒作催化剂，产生大量凝结核，水汽在凝结核上凝结长成大水滴，雾滴会蒸发并在大水滴上凝结，使雾消失。

人工扰动混合法：用直升机在雾层顶部搅拌空气，把雾层顶部以上干燥空气驱下来与雾中空气混合，雾便消失。

秋季常见气象灾害

“春种一粒粟，秋收万颗子。”

秋天是收获的季节，也是由盛夏向寒冬过渡的季节。秋季，中国北方地区降水明显减少，夜间辐射降温明显，日温差拉大，此时秋高气爽，温湿宜人，可谓是一年中最舒适的季节。

秋雨绵绵，一场秋雨一场寒。秋季常常出现连阴雨天气，不利于农作物的生长和收获。不过由于降水逐渐减少，可能会出现干旱，造成农作物减产，影响冬小麦的播种。

入秋后的气温明显降低，“蒹葭苍苍，白露为霜”，霜的出现让秋天变得美起来，就有了“霜叶红于二月花”。但听起来很美的霜，有时也会给农作物带来霜冻危害。

秋季常见气象灾害有寒潮、大风、霜冻、大雾等。

大雾

雾是悬浮在近地面大气中的大量细微水滴或冰晶组成的集合体。

雾是对人类交通活动影响最大的天气之一。有雾时的能见度大大降低，容易造成交通事故。

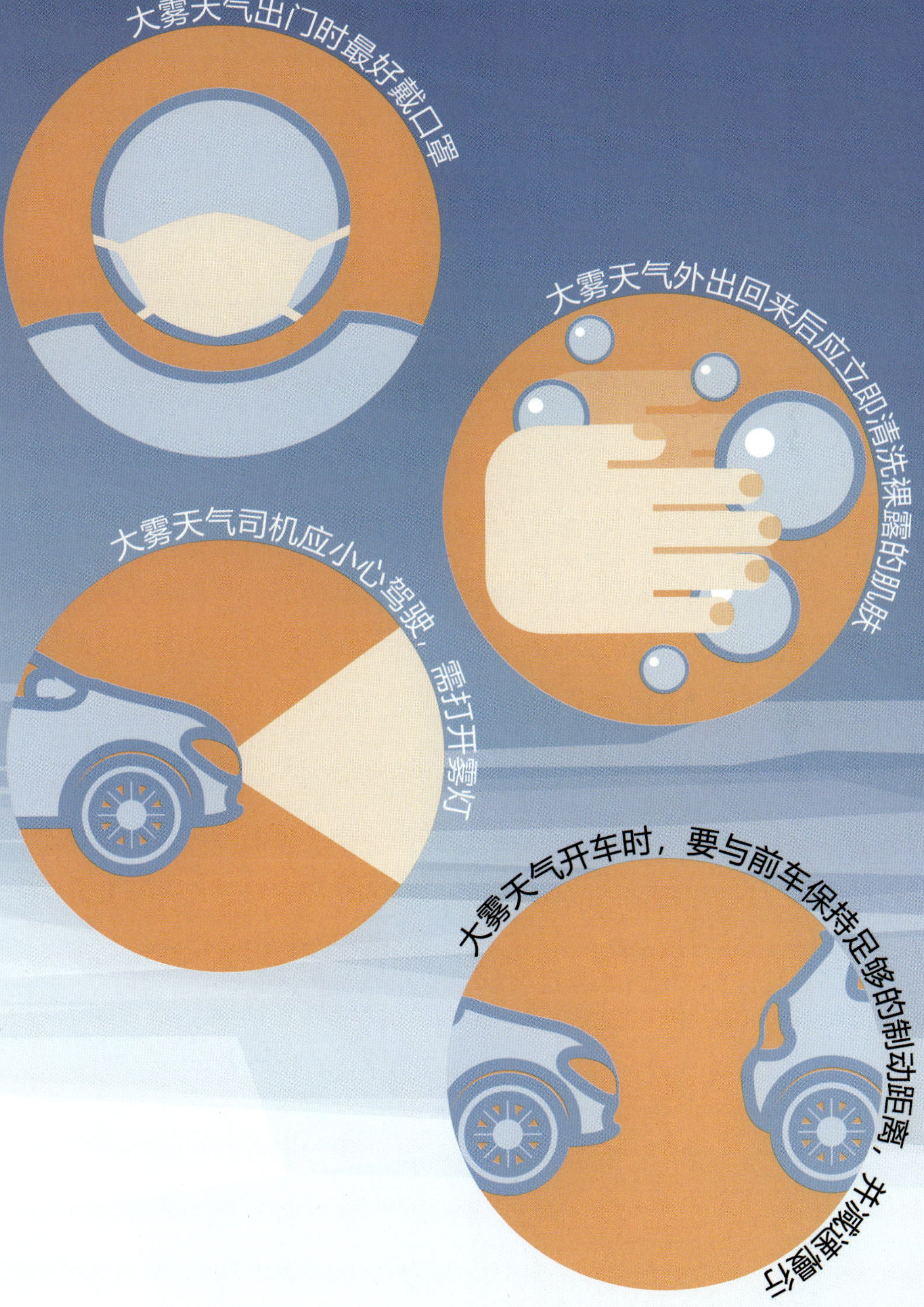
大雾天气出门时最好戴口罩
大雾天气外出回来后应立即清洗裸露的肌肤
大雾天气司机应小心驾驶，需打开雾灯
大雾天气开车时，要与前车保持足够的制动距离，并减速慢行

霜冻

霜冻是我国农业生产上的重大灾害之一，是由于日最低气温下降而使植物茎叶温度下降到0℃或0℃以下，引起植物损伤乃至死亡的农业气象灾害。每年发生在秋季的霜冻称为秋霜冻又称早霜冻，发生在春季的霜冻称为春霜冻又称晚霜冻。

传统防霜冻技术

灌溉喷雾法

覆盖保温法

烟雾防霜法

空气扰动法

新兴防霜冻技术

冰核细菌防霜技术

冰核细菌广泛腐生于植物表面，−2～−5℃条件下，这些冰核细菌在植物表面会诱发植物细胞水形成大量冰核而导致植物冻害。可喷洒生物防冻液杀灭植物表面冰核细菌而起到防冻作用。

化学调控防霜技术

喷施化学保温剂减少地表热量散发，抑制冰核活性细菌，降低冰点温度，减轻霜冻危害。

松嫩平原　黄土高原　河西走廊　内蒙古高原

新疆北部　江淮平原　江汉平原　云贵高原

冬

冬天是一年中最寒冷的季节，很多人不喜欢这个缩手缩脚的季节，但又有很多人因为可以看到雪而期盼这个季节。

很多人认为，冬至应该是一年中最冷的时候，实际上不是这样的。冬至以后数九寒天才真正地到来，因为此时仍然是白天比黑夜短，地面每天吸收的热量还是比散失的热量少，气温继续下降，到“三九”前后，地面积蓄的热量最少，天气也就最冷。

二十四节气对应的冬季

立冬，表示冬季自此开始，传统上是以二十四节气的“立冬”作为冬季的开始。冬季太阳直射点向南移动到南回归线，再折回向北。

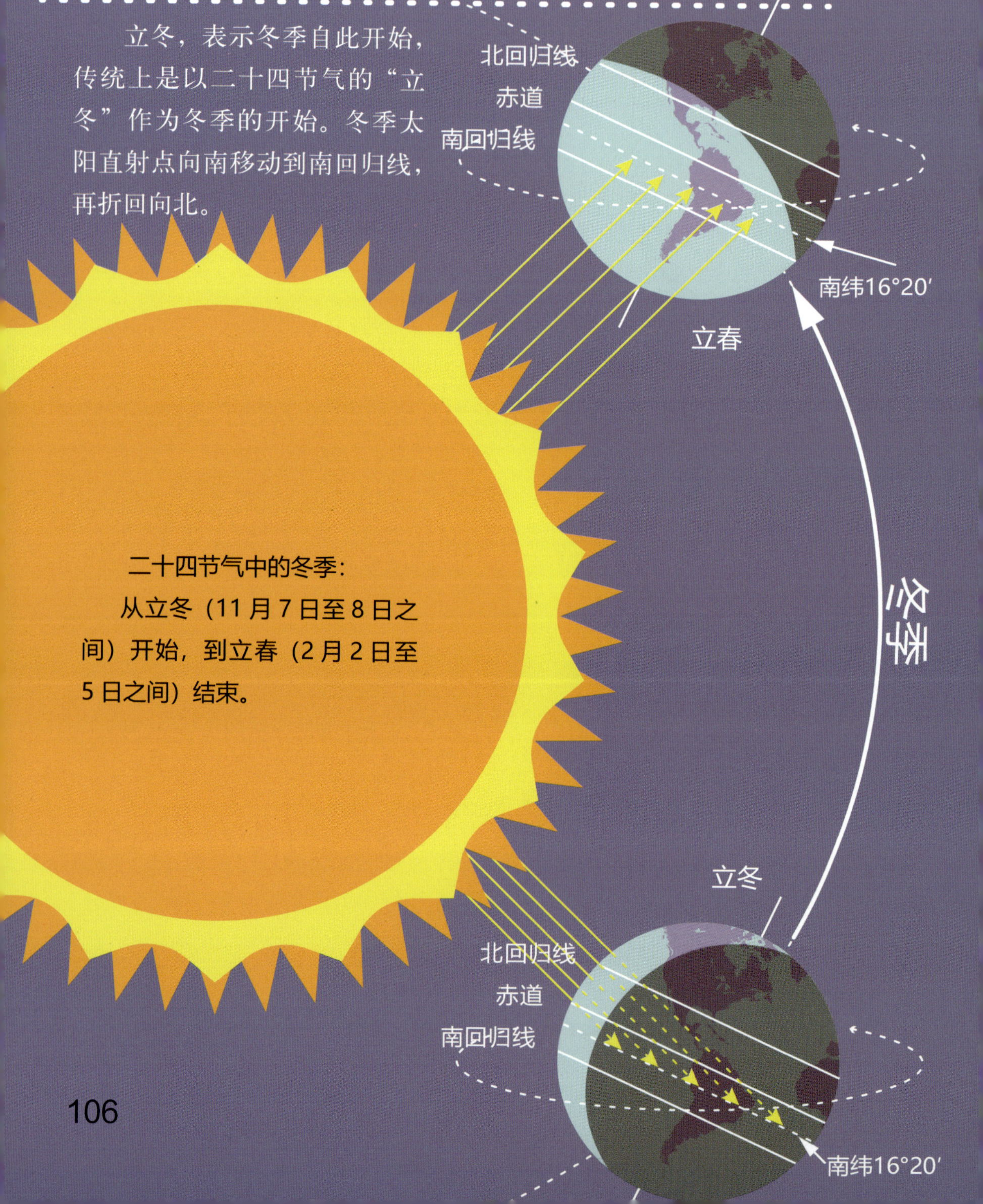

二十四节气中的冬季：

从立冬（11 月 7 日至 8 日之间）开始，到立春（2 月 2 日至 5 日之间）结束。

气候学定义的冬季

连续5天的日平均气温低于10℃的首日算作进入冬季。

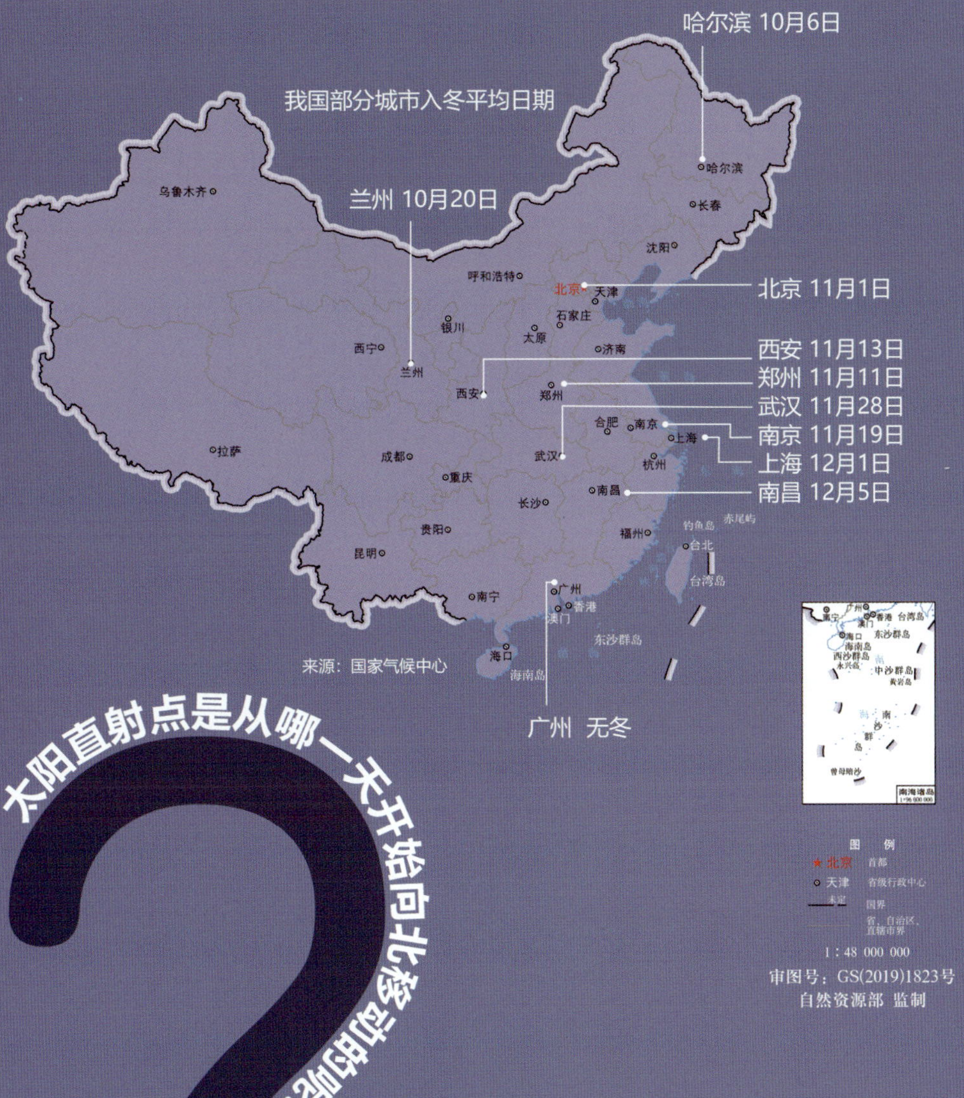

太阳直射点是从哪一天开始向北移动的呢？

立冬

立冬是冬季的第一个节气，在每年的11月7日至8日之间。冬是“终了”的意思，有农作物丰收后收藏起来的含义。人们一般把立冬作为冬季的开始。

一候　水始冰

立冬一过，我国就逐渐步入寒冷季节，此时冷空气势力较强，常带来大风降温并伴有雨雪天气，水面上开始结上一层薄薄的冰。

二候　地始冻

立冬之后，天气变得寒冷，地表温度迅速下降，土地开始冻结。

三候　雉入大水为蜃

“雉”为野鸡一类的大鸟，“蜃”指大蛤蜊。立冬以后，野鸡一类的大鸟便很少出来活动，而海边却可以看到外壳与野鸡的花纹、颜色相似的大蛤蜊，所以古人误以为是雉变成了大蛤蜊。

小雪

小雪节气在每年11月22日至23日之间，此时气温下降进入寒冬，降水形式由雨变为雪，但下雪的次数还比较少，雪量也不大，故称小雪。

小雪这个节气表示降雪的起始时间和程度。小雪和雨水、谷雨等节气一样，都是直接反映降水变化的节气。小雪节气以后，天气渐冷，地面上的寒露都变成了霜，而当强冷空气南下时，常伴有入冬第一场降雪。

一候　虹藏不见

小雪时节，降水量明显减少，而且气温低，日照时间少，即便有降水也看不见彩虹了。

二候　天气上升，地气下降

古人认为，天为阳地为阴，“天气”意为阳气，“地气”意为阴气，小雪时节阳气上升，阴气下降，导致天地不通，阴阳不交，所以万物失去生机。

三候　闭塞而成冬

此时地面与空中的能量、热量交换不再频繁，因此天地不通而闭塞，由此转入严寒的冬天。

大雪

大雪节气在每年的12月6日至8日之间，此时受北方冷空气影响开始出现比较大的降雪。积雪覆盖大地时，一方面，可以清洁空气、冻死害虫；另一方面，积雪也可以保持地面及农作物附近的温度不会降得过低，为农作物越冬创造合适的农田小气候。

一候　鹖（hé）旦不鸣

“鹖旦”即古人所谓的“寒号鸟”，是一种“夜鸣求旦之鸟”。常在冬夜不断鸣叫，大雪时节，天气严寒，寒号鸟也不再鸣叫了。现代科学证明“寒号鸟”并非鸟，而是一种啮齿类哺乳动物，学名“复齿鼯（wú）鼠”。

二候　虎始交

不同的老虎交配季节不同，大多数老虎没有固定的交配期，我国的东北虎则是在冬季交配。“虎始交”意为大雪时节，老虎开始有求偶行为。

三候　荔挺出

“荔挺”是一种植物，也叫马蔺或马莲，自然界中分布极广。大雪时节，荔挺开始抽出新芽。

冬至

冬至在每年的12月21日至23日之间，此时太阳直射南回归线，北半球白天最短、黑夜最长，数九寒天从冬至开始。冬至也是一个传统节日，很多地方至今仍有冬至吃饺子的习俗。

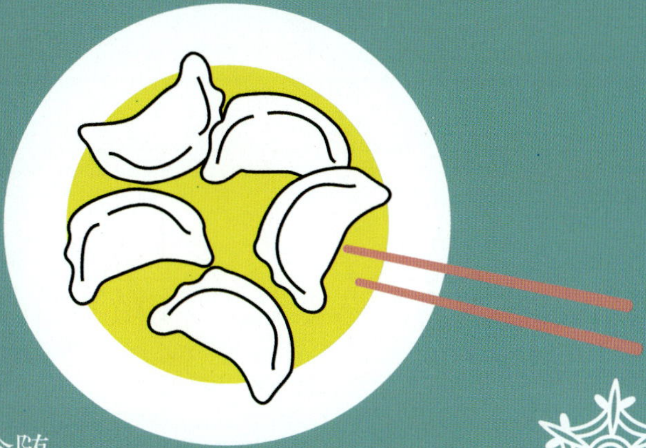

一候　蚯蚓结

蚯蚓是变温动物，体温会随着环境温度的变化而变化，冬至过后，环境温度低于 −5℃，蚯蚓便在地下缩成一团开始冬眠。

二候　麋角解

“麋”是鹿科动物。每年冬至前后，麋的老角脱落，新角慢慢长出。古人认为麋的角朝后生，所以为阴，而自冬至起，虽然天气依然寒冷，但天地间的阳气初生，麋感阴气渐退而解角。

三候　水泉动

古人认为冬至阳气初生，所以此时山中的泉水开始流动并且温热。

小寒

小寒在每年的1月5日至7日之间，表示天气开始大幅度变冷，虽天气寒冷，但还未达到极致，所以称小寒。小寒之后，进入一年中最寒冷的时段。

一候　雁北乡

小寒时节虽然天气尚冷，但此节气之后，气温即将逐渐回升，大雁开始陆续从南方飞回北方，还乡繁衍。

二候　鹊始巢

喜鹊感知到天气即将转暖，遂开始筑巢，为繁育后代做准备。

三候　雉始雊(gòu)

古人认为“雉”是属阳的鸟，“雊”为雄性野鸡鸣叫，此处是鸣叫的意思。雉在接近“四九”时会感阳气的上升而鸣叫，其实是雉求偶的鸣叫，为春季繁衍后代早早做准备。

大寒

大寒，二十四节气中的最后一个节气，在每年的1月19日至21日之间，是天气寒冷到极致的意思。大寒时节北方冷空气势力强大，天气更加寒冷，降水量也最少，空气干燥。大寒过后，我国人民的传统节日——春节即将来临，城乡逐渐呈现出一派喜迎新春的景象。

一候　鸡始乳

此时正是母鸡“抱窝”的时节，母鸡开始孵卵，21天后，小鸡便会破壳而出。

二候　征鸟厉疾

“征鸟厉疾”指猛禽需强力捕食。天气虽冷，鹰、隼之类的猛禽，却正处于捕食能力极强的状态中，盘旋于空中到处寻找食物，以补充身体的能量来抵御严寒。

三候　水泽腹坚

水域中的冰一直冻到水中央，且最结实、最厚。

认识气候

气候是在太阳辐射、下垫面（指与大气下层直接接触的地球表面）性质、大气环流和人类活动长时间相互作用下，某一地点或地区多年间经历的天气状况的总和，是自然地理环境的一个主要组成部分。

气候变化则是指无论基于自然变化或是人类活动所引起的任何气候变动。气候变化主要表现为全球气候变暖、酸雨、臭氧层破坏等。

影响气候变化的因素来自多方面，包括大陆漂移、地球运行轨道变化、造山运动、洋流变化、温室气体排放等。地表许多间接影响气候的因素反应较慢，气候变化可能要等几个世纪、甚至更长的时间才能显现出来，例如海洋温度变化、冰山融化等。

人类对气候影响最大的因素是燃烧化石燃料和制造水泥排放了大量的二氧化碳和粉尘。此外，土地利用、臭氧层破坏、畜牧业和农业活动、森林砍伐等，都会对气候有不同程度的影响，并成为造成气候变迁的因素。

建立人与自然和谐相处、协调发展的关系，是人类生存与发展的必由之路。《联合国气候变化框架公约》是1992年5月22日联合国政府间谈判委员会就气候变化问题达成的公约，是世界上第一个为全面控制二氧化碳等温室气体排放，以应对全球气候变暖给人类经济和社会带来不利影响的国际公约，也是国际社会在应对全球气候变化问题上进行国际合作的一个基本框架，具有法律约束力。

气候变化带来的影响

气候变化的影响是全方位、多层次的，正面和负面影响并存，但它的负面影响更受关注。

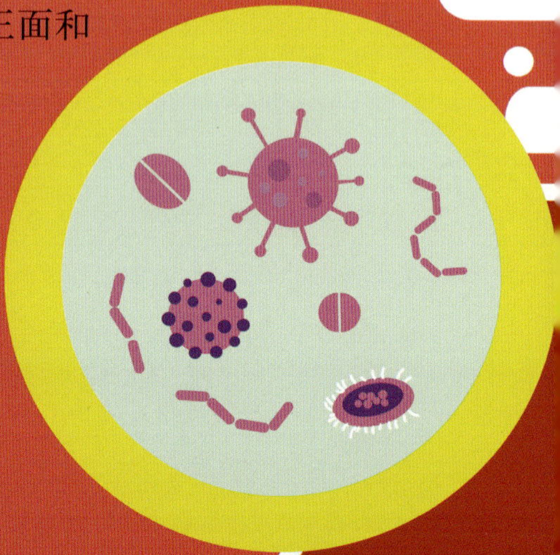

沙漠细菌灭绝

由于气候变化导致温度变得不稳定，沙漠细菌可能很难适应，因而无法形成厚厚的细菌群硬结皮，即生物结皮，导致荒漠土更容易受到侵蚀。

火山爆发频繁

由于气候变化造成冰川融水流入海洋，全球海平面上升，地壳承受的重量也将从陆地向海洋倾斜，这种重量转移可能会造成火山爆发更加频繁。

海洋变暗

气候变化将给世界一些地区带来更多降水或融化的雪水，让河水水流更大，卷起更多淤泥和碎屑，最终流入海洋，使海洋变暗，导致当地生态系统发生变化。

人体过敏加剧

由于气候变化造成春天过早到来，导致引起过敏的花粉将过早飘浮在空气中，这将增加每年花粉的总量，让过敏人群症状加剧。

蚂蚁入侵减弱

大头蚁是地球上最具入侵性的物种之一，随着未来几十年的温度变化，这种大头蚁的生存范围将大大缩减，但这些变化将对本地昆虫有何影响还不知道。

日光照射极地海底

随着冰川融化，更多日光将能照射到极地沿海水域，影响在海底生活的习惯黑暗环境的无脊椎动物，让该地区生物群体发生重大变化，更多海藻及其他海洋植物将让无脊椎动物窒息，这将极大地降低这些地区的生物多样性。

此外，冰川融化还会带来冰川退缩、湖泊水位下降、湖泊面积萎缩、冻土融化、极端天气、珊瑚礁死亡、旱涝灾害等影响。

中国的气候带

中国气候类型多种多样。东半部具有大范围的季风气候，即冬季盛行大陆季风，寒冷干燥；夏季盛行海洋季风，湿热多雨。青藏高原海拔高，面积大，形成独特的高寒气候。西北地区则因地处内陆，为海洋季风势力所不及，属于西风带内陆干旱气候。

中温带

东北大部、西北、华北北部。

代表城市：吉林长春

暖温带

华北、西北南部秦岭—淮河以北地区。

代表城市：北京

高原气候区

青藏高原地区。

代表城市：西藏拉萨

亚热带

秦岭—淮河以南的大部分地区，除了海南、云南南部、台湾南部、雷州半岛。

代表城市：江西南昌

热带

雷州半岛、海南岛、云南南部、台湾南部。

代表城市：海南海口

根据不同的热量条件，从北到南划分为寒温带季风气候、中温带季风气候、暖温带季风气候、亚热带季风气候、热带季风气候及南沙群岛地区的赤道带季风气候共6个气候带和一个高原气候区。

寒温带

分布在黑龙江北部和内蒙古自治区东北角上的一小块地方。

代表城市：黑龙江漠河

赤道带

位于北纬10°～18°以南诸岛。

代表地区：南沙群岛

中国气候特点

我国幅员辽阔，跨纬度广，气候成因复杂，具有季风气候显著、气候多种多样、气候差异大等特点。

季风气候显著

我国位于世界最大的大陆——亚欧大陆东部，东临世界最大的大洋——太平洋西岸，西南距印度洋较近，因而气候受大陆和太平洋的影响非常显著，具有夏季高温多雨、冬季寒冷少雨、高温期与多雨期一致的季风气候特征。由于中国的季风气候，冬季气温偏低，而夏季气温又偏高，气温年较差大，降水集中于夏季，大陆性较强，因此也称作大陆性季风气候。

气候多种多样

我国具有多种多样的气候。从气候类型上看，东部属季风气候，西北部属温带大陆性气候，青藏高原属高寒气候。从温带划分看，有热带、亚热带、暖温带、中温带、寒温带和高原气候区。从干湿地区划分看，有湿润地区、半湿润地区、半干旱地区、干旱地区之分。而且在相同的气候类型中，也会有热量与干湿程度的差异。

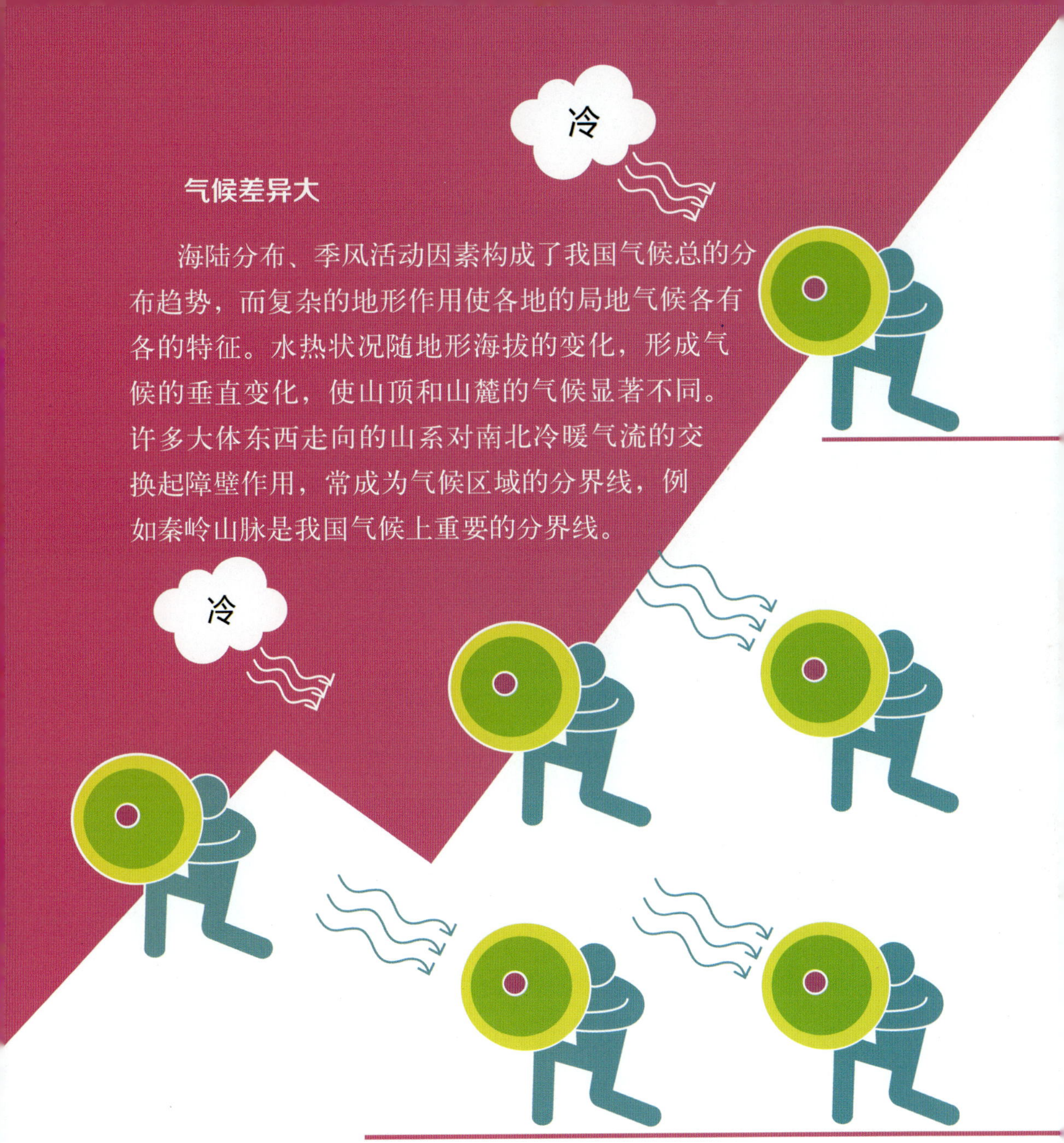

气候差异大

海陆分布、季风活动因素构成了我国气候总的分布趋势，而复杂的地形作用使各地的局地气候各有各的特征。水热状况随地形海拔的变化，形成气候的垂直变化，使山顶和山麓的气候显著不同。许多大体东西走向的山系对南北冷暖气流的交换起障壁作用，常成为气候区域的分界线，例如秦岭山脉是我国气候上重要的分界线。

青藏高原对我国气候的影响最为明显，不仅形成独特的高原寒冷气候，还明显地破坏了气候按纬度向呈地带性分布的一般规律，且通过和大气环流的相互作用，影响到周围地区的气候特征。因而高原对我国西北地区冬冷夏热的干旱气候形成，以及我国东部温湿带季节变化明显的季风气候的形成起了重要作用。

中国特殊的气候现象

山地气候

泰山具有明显的山地气候特征。泰山的主峰玉皇顶海拔高度1 532.7米，气势雄伟磅礴，有“五岳之首”之称。泰山山顶的气候与泰莱平原的气候迥然不同。因其高度，气候也具有明显的垂直变化的高山气候特征，山下为暖温带季风气候，山顶为中温带季风气候。

泰山极顶的高山气候

高山气候造成强烈的雷电、大风、暴雨、大雾、雨凇等灾害性天气，也孕育了独特壮丽的自然景观，如泰山四大奇观——旭日东升、晚霞夕照、泰山佛光、云海玉盘。

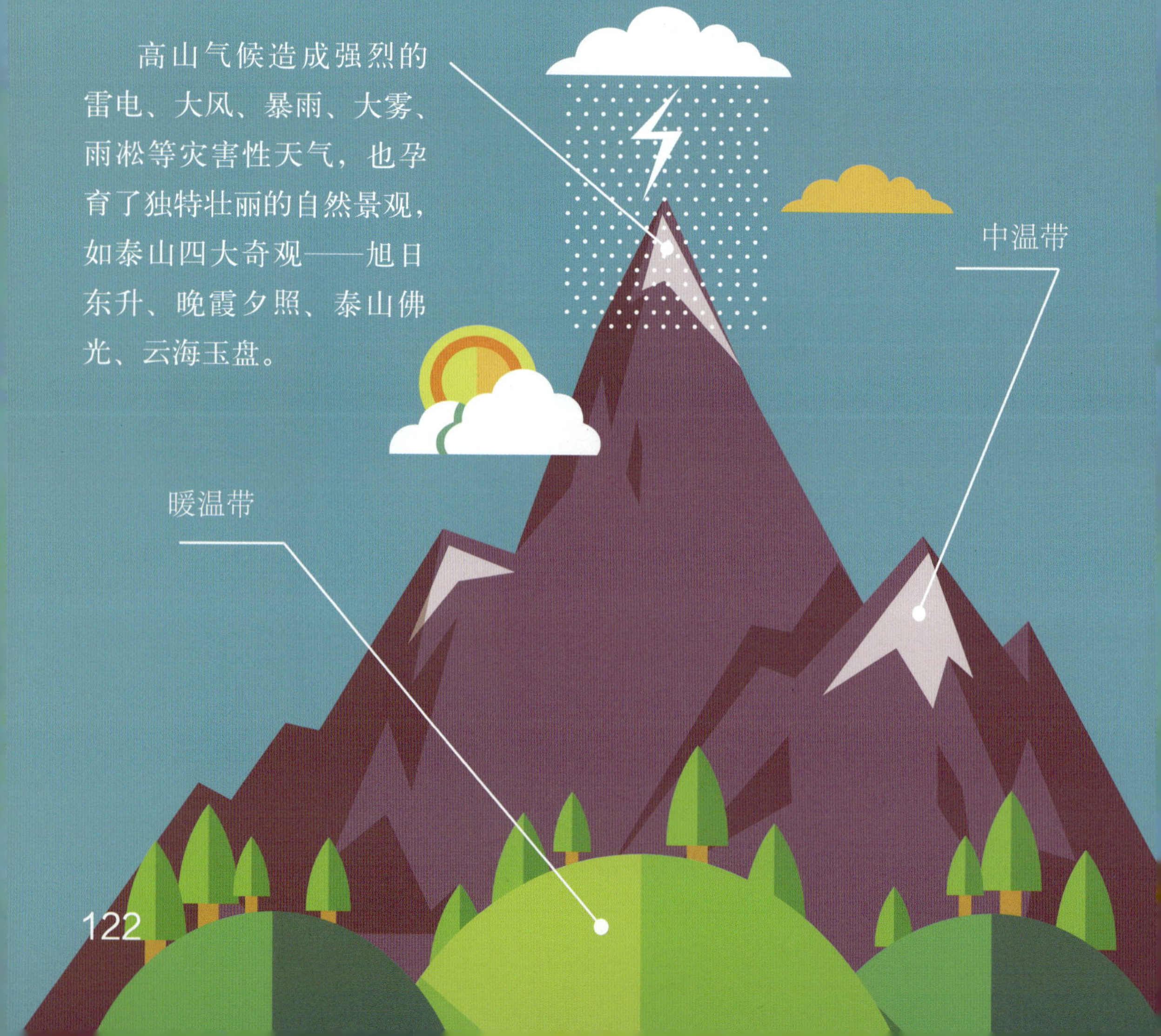

独特的华西秋雨

当我国大部分地区处于秋高气爽的时节，西南地区却正下着绵绵秋雨，称为“华西秋雨”。它一般降雨量不大，但持续时间较长，能一连数日甚至数十日，有的年份则阴雨连绵，持续时间长达一个月之久。这种秋雨主要出现在四川、贵州、云南、甘肃南部、陕西中南部、湖北中西部一带，尤以四川盆地、川西南山地等最为常见。

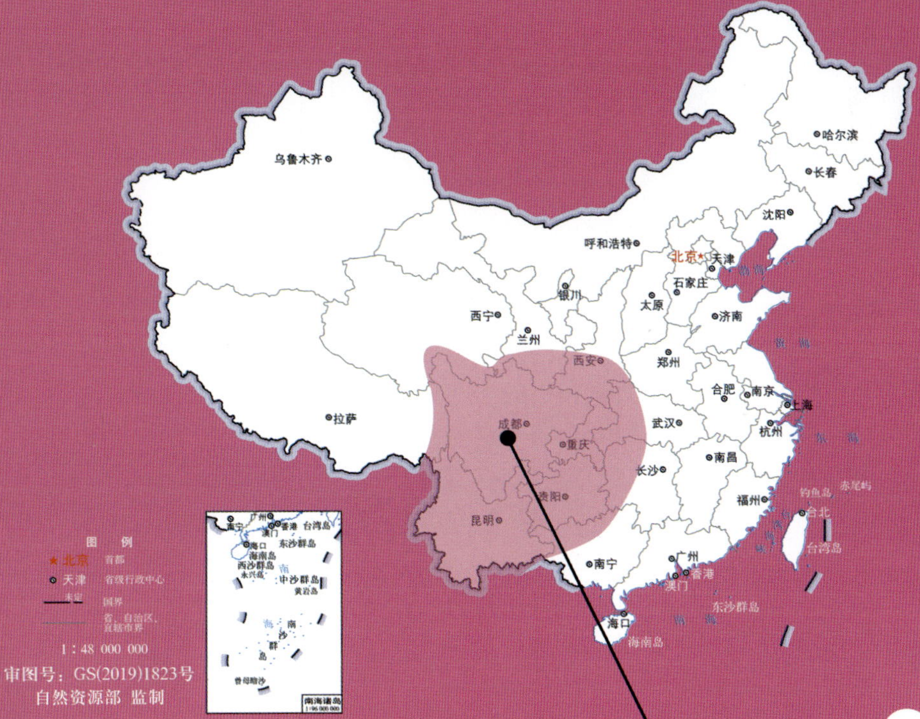

四川雅安素有“雨城”之称，1962年仅10月一个月就下了29天雨，1975年9月26日至11月22日出现过持续56天的特长秋雨。

连绵的江淮梅雨

每年初夏，正值江淮梅子成熟、梅林飘香的季节，中国长江中下游地区的天空却阴沉得像一块灰色的幕帐，阴雨连绵，数日不见太阳，这就是人们常说的江淮梅雨。梅雨是东南亚地区特有的天气气候现象。每年盛夏前后，来自西伯利亚和蒙古一带的干冷气团与来自海洋上的暖湿气团在这一区域相遇，冷暖气团势均力敌，造成持久的梅雨天气，导致阴雨连绵、暴雨频繁或洪水泛滥。

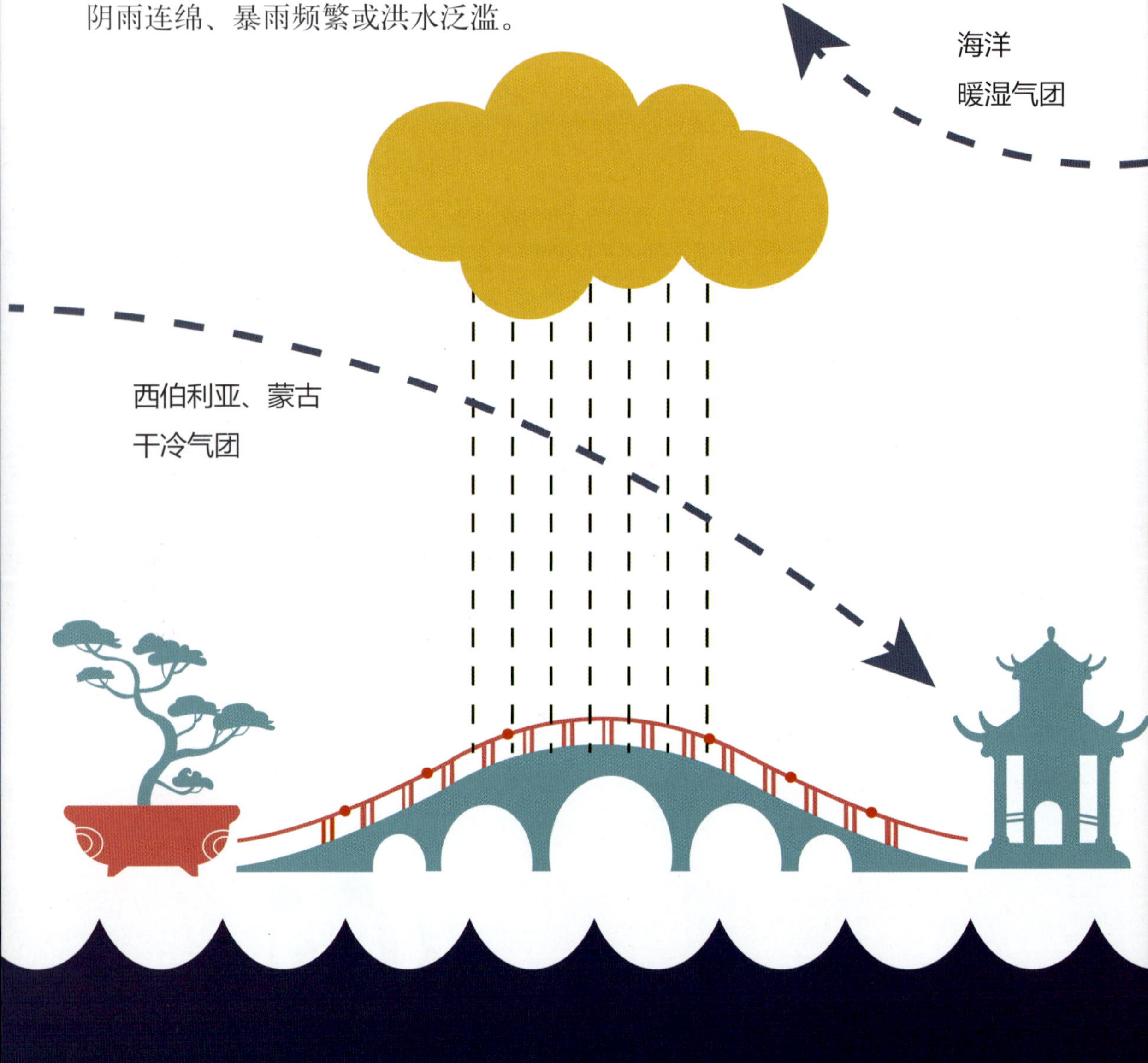

奇妙的拉萨夜雨

每年7～8月，西藏拉萨白天晴空万里，骄阳似火，到了傍晚，天空的云就慢慢多起来，云层变厚、云底降低，继而乌云密布、电闪雷鸣、雨声沥沥。黎明之前，夜雨常常最大，但天一亮就渐渐停息，云也很快消散。这种典型的夜雨，不仅发生在拉萨河谷，也发生在年楚河谷中的日喀则、西昌盆地中的西昌、元江河谷中的河口等地。

拉萨多夜雨主要和太阳直接辐射有关，也与大气环流形势有一定关联。

拉萨位于拉萨河谷之中，容易形成热力环流，白天盛行下沉气流，不易形成降水，夜晚由于谷底气温较高，盛行上升气流，容易形成对流雨。

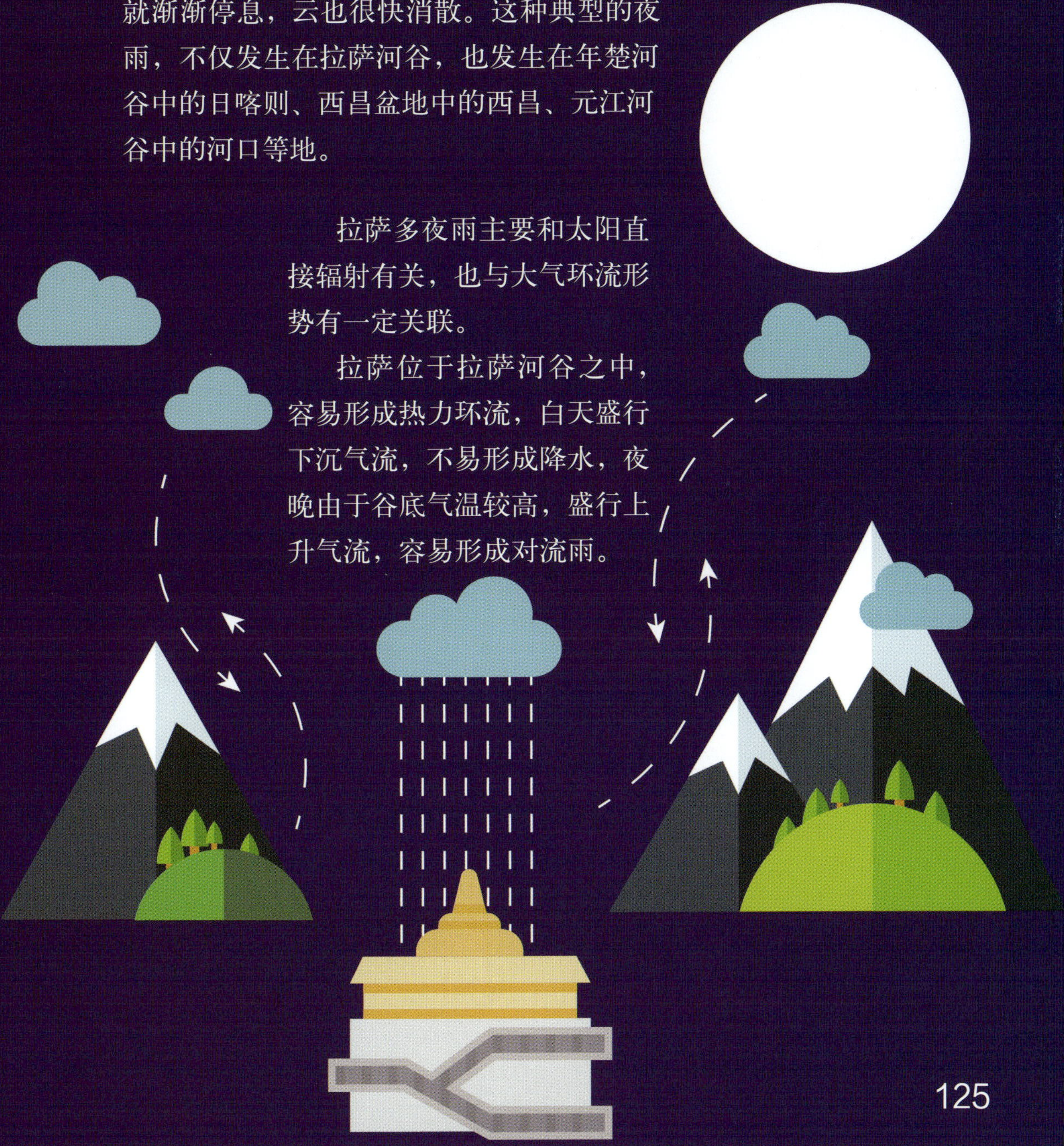

气候变化的现象

温室效应

温室效应又称“花房效应”，是大气保温效应的俗称，最早是由法国学者在1842年提出的。大气能使太阳短波辐射到达地面，但地表向外放出的长波热辐射线却被大气吸收，这样就使地表与底层大气温度增高，因其作用类似于栽培农作物的温室，所以称为温室效应。

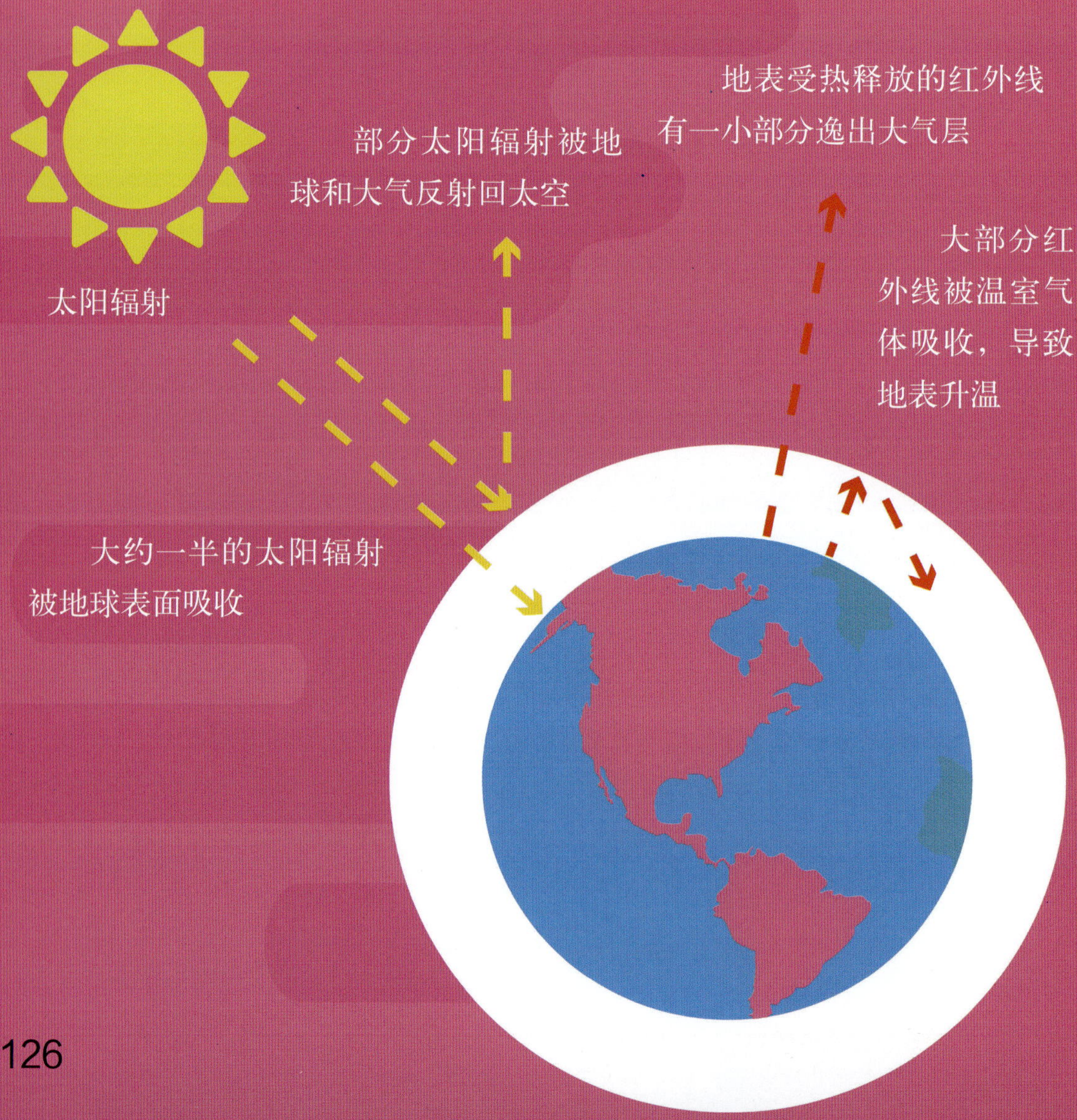

近几十年，随着人口的急剧增加、工业的迅速发展，城市化进程加快，森林被大量砍伐，人类活动和大自然排放的二氧化碳及甲烷、臭氧、氯氟烃、水汽等温室气体显著增加，导致温室效应不断增强。

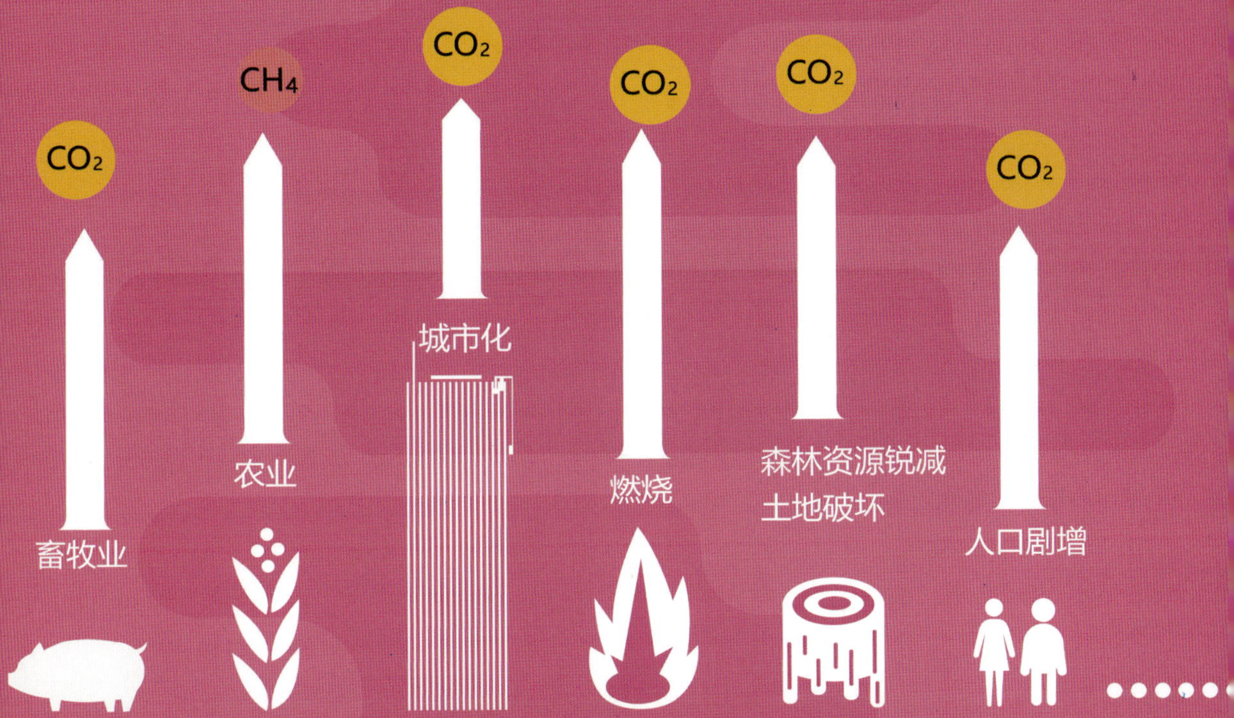

温室效应对环境的影响

温室效应直接导致全球变暖，从而影响全球的生态平衡，如病虫害增加、气候反常、土地沙漠化、缺氧、亚马孙雨林逐渐消失等。

冰川消融

冰川消融是指由冰的融化和蒸发引起冰川消耗的现象，它是冰川物质消耗的主要方式。科学家研究发现，格陵兰岛和南极洲世界两大大陆冰盖冰层正在以每年约3 000亿吨的速度大量消失，而且这个速度正在加快，由此导致的海平面上升也在逐年加速。

冰川存在的意义

绝大部分的淡水主要以冰川的形式出现在地球上，保存在南北两极和一些高海拔的山地上，这是地球的固体水库，是江河之源。

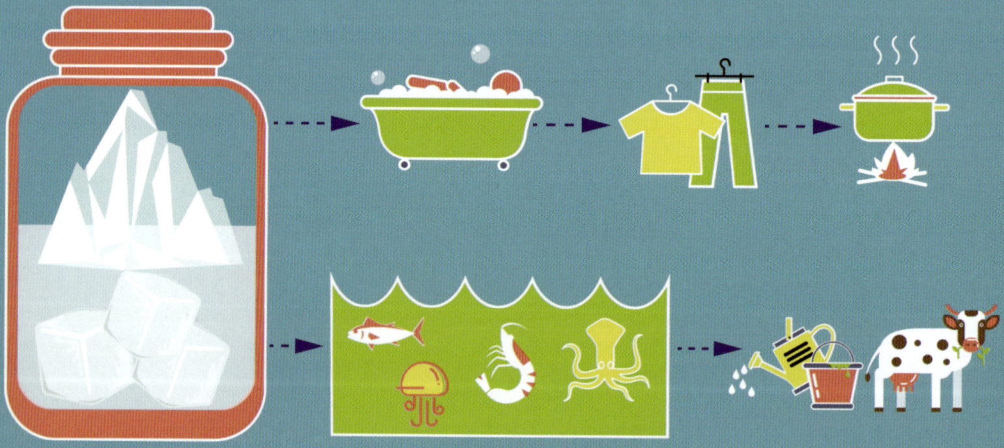

冰川厚达数十米乃至数千米的冰层记录了长时间的气候变化。人类通过对冰芯的研究，可以精确地了解过去70万年以来地球上的气候信息。冰芯被称作记录气候变化的指针。

冰川消融可能带来的影响

- 导致海平面升高，引起海岸滩涂湿地、红树林和珊瑚礁等生态群丧失；致使北极熊和海象濒临灭绝；造成许多小岛消失；海岸侵蚀、海水入侵沿海地下淡水层，沿海土地盐渍化等，导致海岸、河口、海湾自然生态环境失衡，甚至有可能导致多个海边城市被淹没。

- 对全球地表热量平衡、大气环流和海洋洋流有重要的影响。极地冰盖大量融化产生的冷水注入海洋，导致大气环流的改变，以至于改变海洋和大气的相互作用状态，进而影响全球气候。

- 导致固体水源的储量减少，造成淡水资源短缺。

- 导致自然灾害的发生，如冰湖溃决、洪水、冰川泥石流等。

- 冰川融化会释放病毒。

科研人员在从极地钻取的冰芯中发现了古老的病毒，虽然经过了几万年，这些病毒居然还活着。一旦冰川融化，这些病毒极有可能被释放出来。

厄尔尼诺与拉尼娜

厄尔尼诺与拉尼娜均为西班牙语的音译，分别是“圣婴”和“圣女”的意思。厄尔尼诺现象用来专门指赤道太平洋东部和中部海洋表面水温

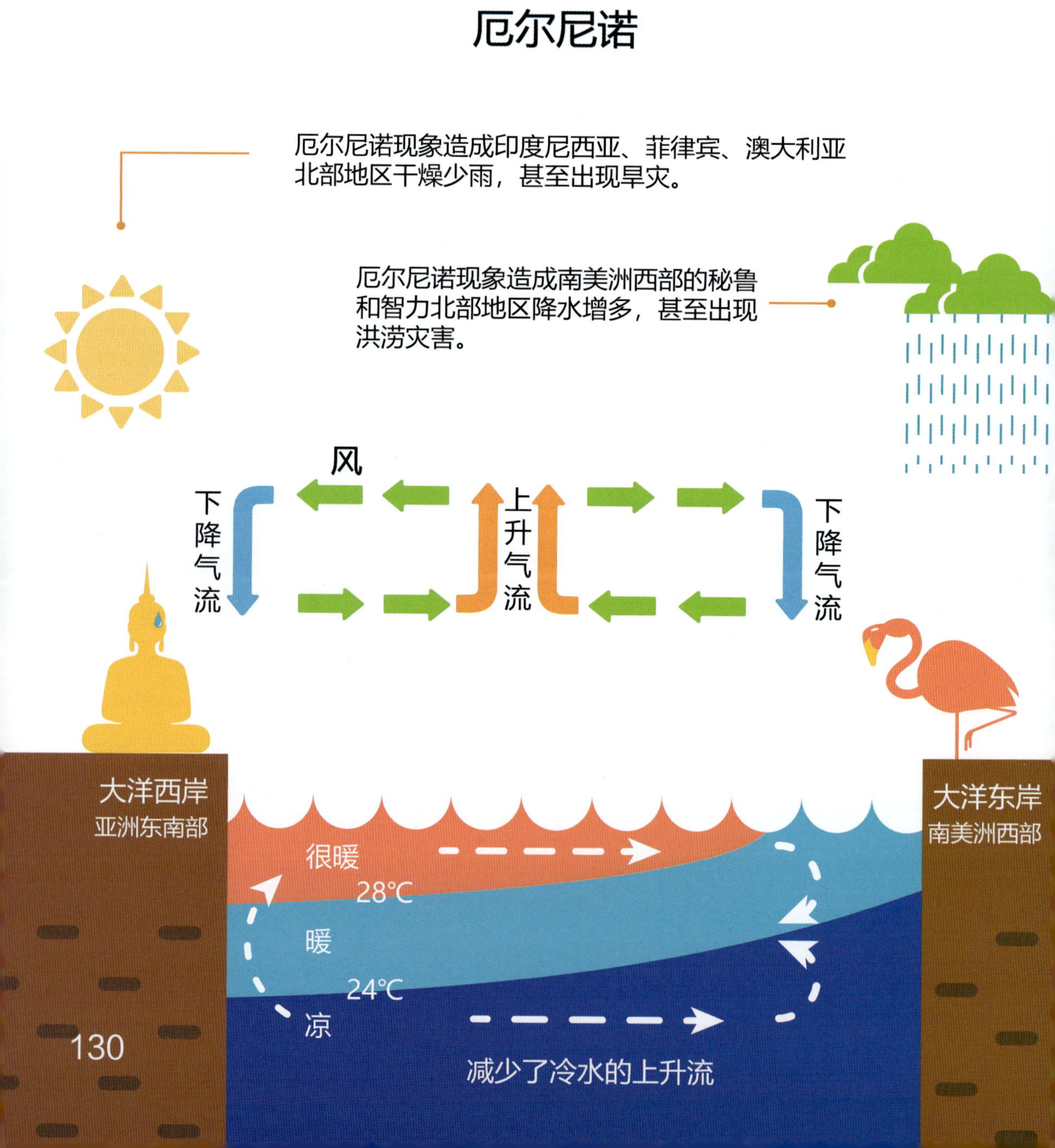

大范围持续异常增暖的现象。拉尼娜是用来指太平洋东部和中部海洋表面水温大范围持续异常变冷的现象。

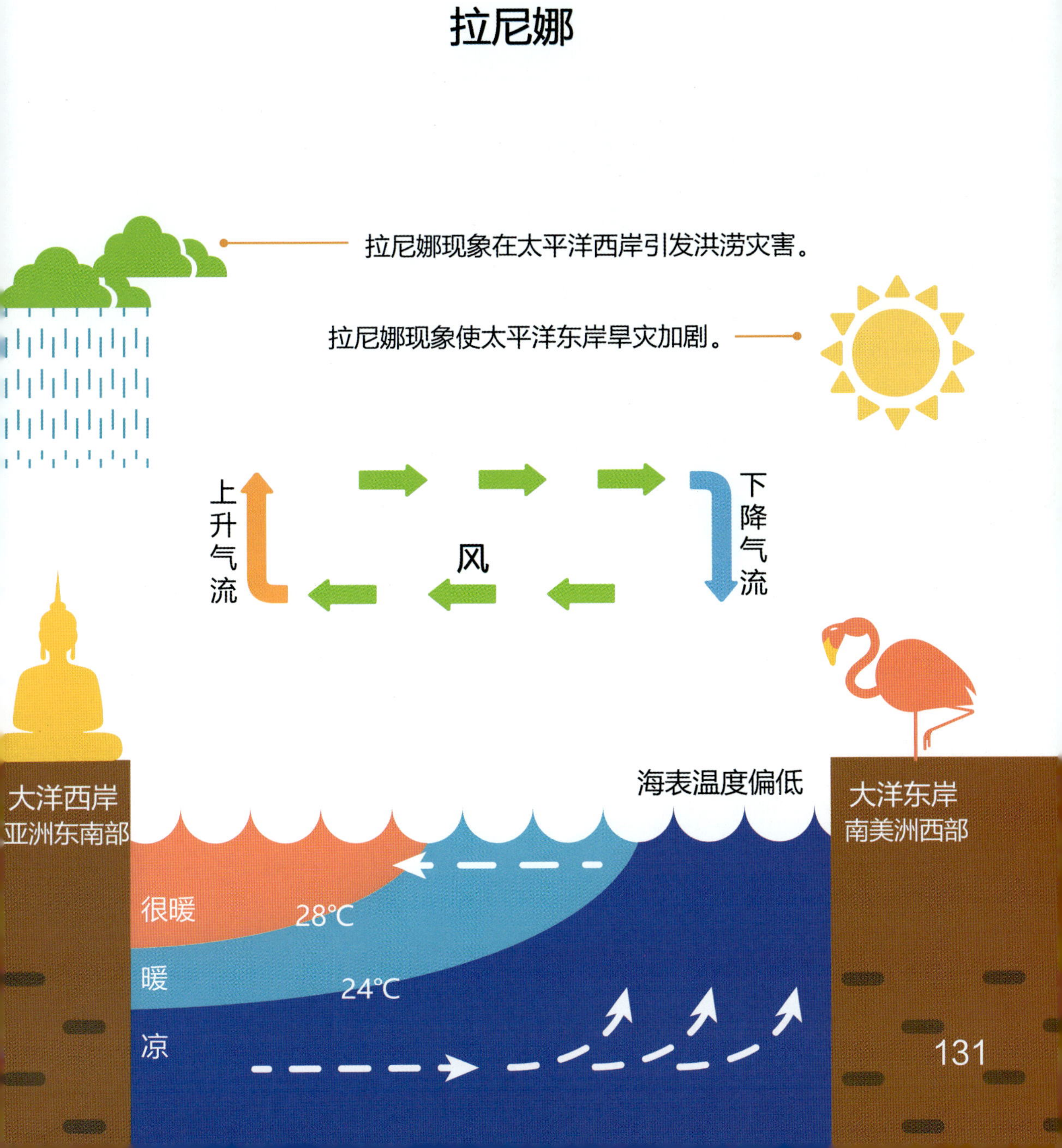

冬季常见气象灾害

“忽如一夜春风来，千树万树梨花开。”

北风吹，雪花落，一觉醒来，天地间变作素白一片，冬天裹挟着寒意，如约而至。

冬天，人们最期待的就是下雪，很多人都喜欢大雪纷飞、银装素裹的雪景，但长时间低温、暴雪天气会积雪成灾，造成道路结冰，严重的雪灾还会破坏交通、电力等基础设施，造成房屋倒损和农作物损毁等损失，形成雨雪冰冻灾害。

寒冷的冬天，北风呼啸，大风寒潮天气是常客。大风不仅会吹倒电线杆，造成停电事故或风灾，还会毁坏房屋、树木、农作物等，甚至造成人员伤亡。冬季也是雾和霾的多发季节。霾出现时，空气质量明显降低，人员出行需要适当防护，尽量乘坐公共交通工具，减少非公共交通车辆上路行驶。

冬季常见气象灾害有暴雪、道路结冰、霾等。

暴雪

暴雪是指在24小时内降雪量（融化成水）超过10毫米以上的雪，是一种自然天气现象。暴雪及其伴随的大风、降温天气，严重影响甚至破坏交通、通信、输电线路等生命线工程，使城市断电、断水，积雪压塌建筑物，冻死、冻坏农作物、牲畜，造成严重灾害。

注意添加衣服，做好防寒保暖工作。
路上尽量不穿硬底或光滑底的鞋，当心路滑跌倒。

关好门窗，固紧室外搭建物。
处在危旧房屋内的人员要迅速撤出。

道路结冰

如果地面温度低于0℃，道路上会出现积雪或者结冰现象。

道路结冰分为两种情况：一种是降雪后立即冻结在路面上形成道路结冰；另一种是在积雪融化后，由于气温降低而在路面形成结冰。

道路结冰是交通事故的罪魁祸首。

出门最好穿防滑鞋，最好不骑自行车、电动车。

不要在有结冰的操场或空地上玩耍。行人要注意远离或避让机动车和非机动车辆。

司机应注意路况，减速慢行，不要猛刹车或急拐弯，小心驾驶。

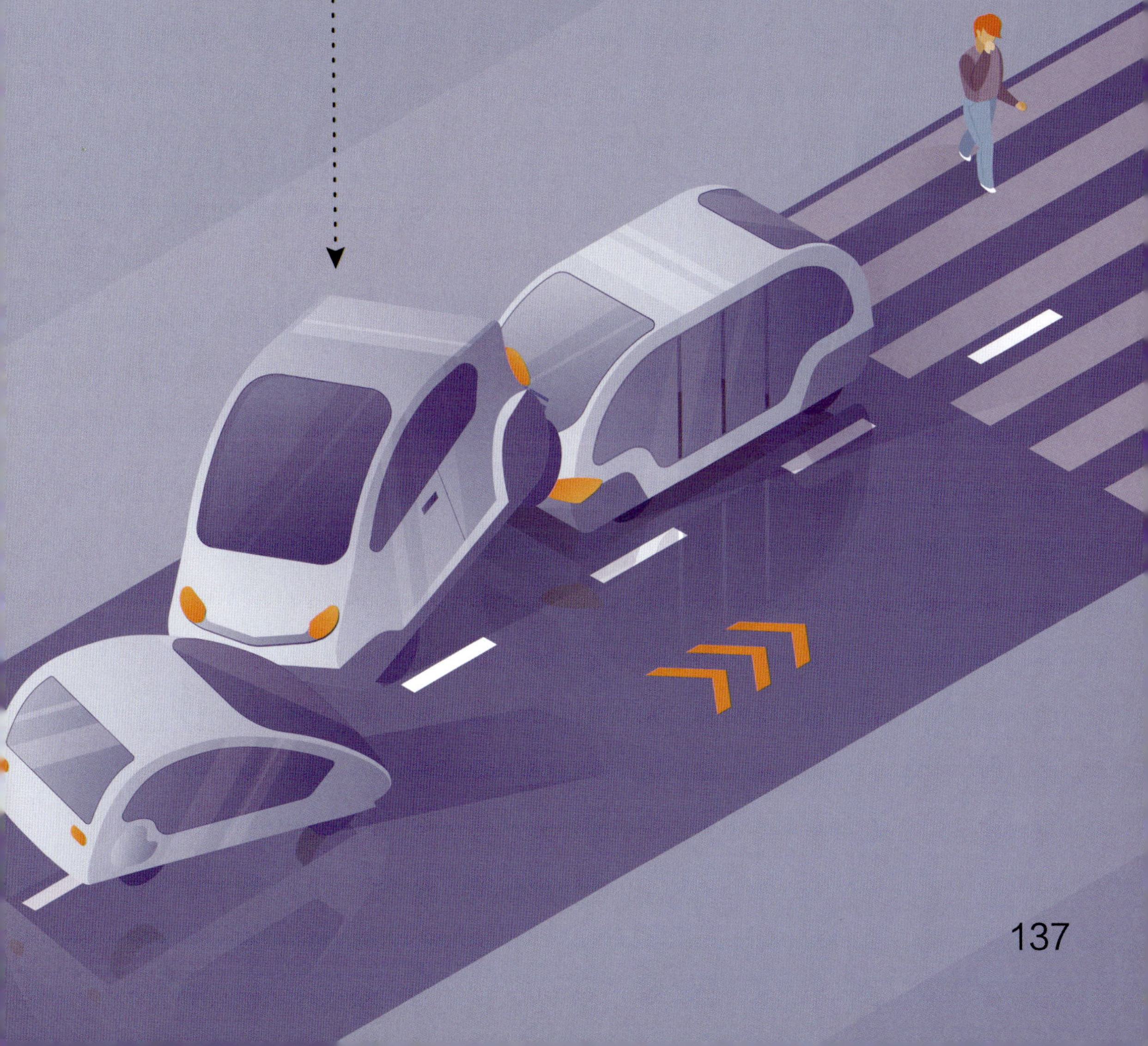

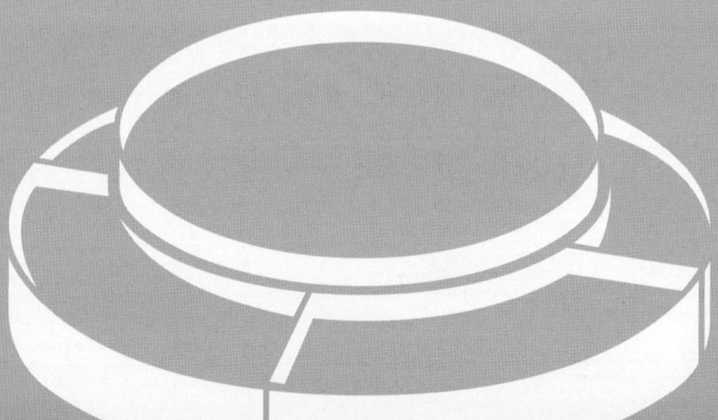